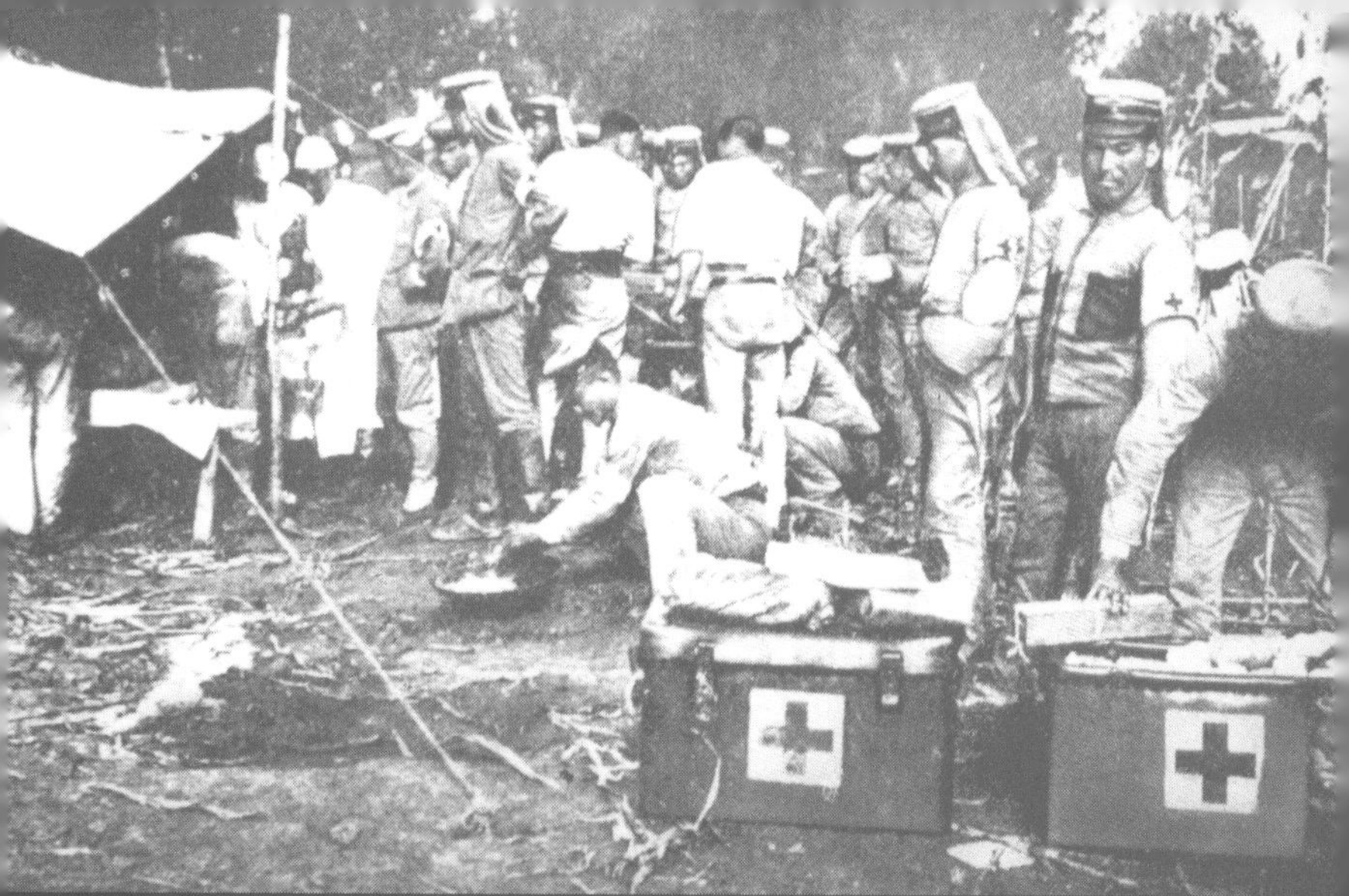

脚気と軍隊

陸海軍医団の対立

荒木　肇［著］
Araki Hajime

JN156777

並木書房

はじめに

江戸や大坂を中心に、元禄文化（一七世紀末から一八世紀の初めころ）の花が咲き誇ったころのことだった。その時代まで、都の貴族、高級武家だけのものだった脚気《かっけ》病が庶民にも広がってきた。身体がだるくなり、食欲も減退する。脚にむくみが出て、動くと動悸が激しくなる。症状を訴えるのは青壮年の男性に多かった。不思議なことに老人や子供、女性などには患者が少なかった。症状がさらに進むと心臓麻痺を起こして死ぬこともあった。江戸や京都・大坂などで多く見られたこの病気は、文明開化の明治になって、さらに全国的にまるで流行病のように広がっていった。

とくに患者が増えたのは発足したばかりの陸海軍である。その猛威のほどは当時の患者数の統計に表れている。陸軍ではそのすべての兵員数がおよそ三万人あまりのうち罹患率《りかんりつ》は年間で三割にもなった。死亡者は患者全体の二〜三パーセントにのぼった。海軍もまた下士卒約五〇〇〇人のうち一〇〇〇〜一五〇〇人にもなり、死者はやはりその二〜三パーセントになった。

脚気というのはビタミンB1の欠乏によって起こる病気である。もともと主として白米を主食とする地域、階層にだけ見られるものだった。田舎で暮らす人や、都会でも貧しい人たちはめったにかからない病気である。

陸海軍では戊辰戦争からの伝統で、白米を兵士たちに一日六合（九〇〇グラム）を食べさせていた。現代のわれわれが一日に食べる白米は、せいぜい一合（一五〇グラム）ほどだろうか。その大量の米を、現在の栄養学から見れば、とんでもなく貧しい副食とともに兵卒たちは摂《と》っていた。具がほとんどない塩辛い味噌汁や漬物だけである。せいぜい足されても野菜の煮つけくらいだった。

陸海軍の若い兵士たちが次々と倒れていった。発足したばかりの軍病院には患者があふれていた。軍医たちは懸命に治療にあたったが、脚気という病気がどのような病気なのか、何が原因なのか、その知識がまったくなかった。どう治療していけばよいのかも分からなかったのだ。

彼らの知識のなかには、今では常識のビタミンは存在していなかったのである。人の生存にとって必須のその微量栄養素が発見されるのは、ほぼ半世紀も先のことになる。

脚気はさまざまな病状を示す複合症である。医師たちはどのような症状を脚気とするのかといった定義から始めなければならなかったのだ。

彼らが幕末以来、師匠とあおいできたヨーロッパ医学には脚気という病気がなかった。白米を食べない地域には脚気は生まれない。招かれたお雇い外国人医師たちにも手の施しようがなかった。

その一方で、伝統的な漢方医学では、白米を食べずに麦や雑穀《ざっこく》を食べ、小豆《あずき》を食べるなどすれば脚気の症状が治まることは知られていた。それによって治癒したり、症状が軽くなった人も多かった。しかし、漢方医たちはなぜ白米が脚気を誘発し、麦や雑穀、小豆などに治療効果があるのかについて説明できなかった。

当時の世界医学での最先端だったのはドイツだった。とりわけコッホ（一八四三〜一九一〇年）を中心にした細菌学の進歩は素晴らしかった。脚気を未発見のウイルスによるものだと先進的な医学者たちほど考えたのも無理はなかった。

高木海軍軍医の取り組み

森林太郎《もりりんたろう》（鴎外《おうがい》）が、一九歳で東京大学医学部を卒業したのは、明治一四（一八八一）年七月のことだった。森は周囲の勧めで同年一二月に陸軍軍医になった。

そのころ、海軍では英国から帰国（明治一三年一一月）したばかりの高木兼寛《たかぎかねひろ》軍医が「兵食改善」による脚気の予防に取り組んでいた。日本医学全体がひたすらドイツ医学を手本にしたなかで、英国流の海軍医学はまさに異端だった。ドイツ医学は学理を重んじ、逆に英国医学は実践臨床医学が大事にされていた。

高木は明治五（一八七二）年に海軍軍医になった。ロンドンのセント・トーマス医学校への留学以前から、彼は脚気に関心を持っていた。東京の海軍病院にも患者があふれていたからである。彼も病気に苦しむ兵卒《へいそつ》たちに手をこまねいているしかなかった。

帰国後、高木は脚気の実態から調査を始めた。英国式の疫学的《えきがくてき》手法を用いたのである。脚気はどのような時期に、どんな環境で、どの階層に発生するのかをとことん調べた。その結果、環境や衣服などはほとんど関係がなく、当時の海軍軍人の身分階級によることが分かった。患者は兵卒がほとんどだった。下士《かし》になるとやや減り、士官たちにはほとんど病者がいなかった。この結果からみて、食事に原因があるのではないかと結論づけた。

海軍では、この時代、現物支給の陸軍とは異なった給食システムを採っている。現金給与時代といわれるように、明治一三年から下士以下の海上勤務時に日額一八銭を支給し、白米と副食を共同購入させていた。兵卒や下士たちは白米を腹いっぱい食べ、副食費を節約し、貯蓄したり故郷に送金したりしていたのだった。対して士官たちは給与される金額以上を自腹で払い、豊かな副食をともなった食事を摂っているのが普通だった。

高木は、食餌《しょくじ》の中の炭素に対する窒素分が不足すると脚気になるという仮説を立て、調査を続けた。窒素というものは主にタンパク質に含まれている。だから、欧米人の食事に近くなるように炭水化物に対するタンパク質の比率を高めていこうと考えた。それを現実化するには、さまざまな困難や無理解による妨害もあったが、高木のパンや肉類の支給による施策は確実に脚気の患者数を減らしていった。

陸軍軍医たちの反論

海軍のそうした取り組みに対して陸軍軍医本部次長の石黒忠悳《いしぐろただのり》は反論した。文明開化によって日本人の肉食は増えた、それなのに脚気患者は増加している。東京の方が肉を食べる機会が多いのに、患者は地方よりも東京が圧倒的に多い。米を減らし、肉を食べさせれば脚気にかからなくなるという主張には納得できないというのだ。その批判は、まったく正しかった。当時の食生活の実態に基づいた考察である。ほんとうは白米食が東京では増えていたのが理由だったが、ビタミンの存在を高木も石黒も互いに知らないのだから仕方なかった。

ドイツに派遣された森林太郎（明治一七年八月に東京を出発）が与えられた任務は「軍陣衛生学」の研究である。戦力を十分に発揮させるためには兵士たちの健康管理が必須であり、とりわけ兵食が重要だったからだ。

森は石黒をはじめとする陸軍軍医団中枢部の期待に応えて『日本兵食論大意』をまとめた（明治一八年二月）。そのおよその主張は「栄養学的に米食に問題はない。陸軍では米食で十分の栄養法を行なえる。国内需要を考えれば、国内で自給自足できる食物の方がいい、わざわざ西洋食にする必要はない」というものだった。当時の社会の実態から見ても、きわめてまともな考え方といっていい。しかも、脚気問題については、「米食と脚気の関係有無は、余敢えて説かず」と判断を避けていた。

同一八年、脚気菌を発見したと発表したのは、ドイツから帰国した緒方正規《おがたまさのり》（一八五三～一九一九年）だった。コッホの高弟レフレルの指導を受け、わが国の細菌学の祖といわれる東京大学医学部教授である（東京大学が帝国大学になるのはこの翌年の明治一九年。明治三〇年に京都帝国大学創設により、東京帝国大学に改称）。ところが、これを再試験し、その結果から誤認だと批判したのが北里柴三郎《きたざとしばさぶろう》（一八五三～一九三一年）だった。北里は森より二年遅れて東大を卒業し、内務省衛生局に入った。北里は明治一八年、ドイツに渡り、コッホの指導を受けていた。北里はこの後、破傷風菌《はしょうふうきん》の発見などで名声を得ていった。

陸軍軍医たちの試みと日清戦争の惨禍

「監獄には米麦混食の結果、脚気患者がいない」と聞いたのは大阪鎮台《ちんだい》（のちの第四師団）病院長の堀内利国《ほりうちとしくに》軍医だった。明治一七年のことである。堀内はその実態を確かめると直ちに兵食に麦を混ぜることを上申し、実施することができた。脚気患者は減った。近衛《このえ》軍医長だった緒方惟準《これよし》軍医も部隊に米麦混食を行なった。これが実行できたのは、陸軍軍医本部の石黒以下の努力があった。副食の貧しさは兵卒に支給する賄《まかな》い料の不足に原因があり、そこで「主食に雑穀を混ぜてよい。浮いた金で副食を豊かにせよ」といった施策があったからだ。

おかげで陸軍でも脚気患者は激減し、明治二〇年代になるとほとんど患者は見られなくなっていた。大阪鎮台に始まった米麦混食が明治二四（一八九一）年には全師団に採用された結果である。麦食と脚気の激減の相関関係は明らかになったように思えた。しかし、陸軍軍医本部では学理が明らかではないから偶然の結果だろうという見方をしていた。

森は明治二一（一八八八）年に帰国以来、米食の擁護に回った。先進的栄養学の立場から、日本食の優秀性を主張し、ドイツ留学時代の「米食を減らし、肉や魚を増やせ」という立場からさらに一歩進んで、頑《かたく》なに「日本人は米食を守れ」と論陣を張るようになった。

日清戦争では野戦衛生長官だった石黒の指示で、戦地には麦が送られなかった。学理が明らかではないのに「戦時は白米食」という制度は曲げられないという理由からである。このため陸軍の脚気患者数は約四万人、死者の数はおよそ四〇〇〇人にものぼった。戦傷死者が約四五〇人だから、戦闘による死者の九倍近い兵士が脚気に倒れた。

森はこの戦争では第二軍の兵站軍医部長だった。遼東半島、山東半島を転戦し、続いて台湾領収後の総督府軍医部長（のち総督府陸軍部軍医部長）として台北に赴任した。そして台湾でも恐るべき脚気の発生が見られた。約二万一〇〇〇人が患者となり、死亡率も約一〇パーセントと高いものだった。そして予防・治療に有効な手が打てない森は東京に呼び戻され、後任に石阪惟寛《いしざかいかん》が任じられ、さらに土岐頼徳《ときよりのり》と交代する。土岐は激しい言葉で白米にこだわる石黒を非難した。その上申書には明らかに麦食の有効性を認めない石黒への憤りが込められていた。この文献は長い間、石黒死後まで発見されなかった。東大の山下政三氏の発見によるものである。

エイクマンの玄米の有効性発見と日露戦争

日清戦争後、陸海軍の間で脚気論争がなされた。海軍は兵食の改善で脚気はなくなった。陸軍は平時では米麦混食だったのに、戦時になって規定通り白米給与にしたら脚気は猛威をふるった。海軍軍医たちは「陸軍軍医団は反省せよ」と攻撃した。

そんなころ、オランダの植民地だったジャワ島（現インドネシア）でオランダ人研究者エイクマンが病気のニワトリの飼料に目を付けた。明治二九（一八九六）年のことである。白米だけを食べていたニワトリが脚気のような症状を見せた。それが玄米やモミを食べさせると治ってしまう。エイクマンは白米と玄米の違いを研究し始めた。その結果、玄米は完全食品だが、米糠《こめぬか》や胚芽を取り去った白米はニワトリの生存に必要な物が欠けていると結論付けた。のちのビタミンB発見のきっかけとなる大きな発見だったが、論文がオランダ語であったため、わが国の医学界の関心を引くことはなかった。

明治三〇（一八九七）年、おそらく脚気のことが理由になって石黒は予備役に編入された。後任は石阪惟寛《いしざかいかん》が短い期間就いたが、すぐに三一年八月に医務局長となったのは、森と同期生の小池正直《まさなお》である。平時にはなかった脚気が再び陸軍で発生した。北京を中心にした「北清事変」（明治三三年）に出動した部隊ではまたまた戦時規定により白米が支給されたのである。おかげで脚気が大発生したが、奇妙な事実があった。内地からの白米輸送が追い付かずに、やむを得ず現地の粗精米を食べると症状が治まるのだった。小池はさらに麦飯・支那米・日本米を兵員にそれぞれ配給して結果を調べるよう命じた事実がある。

明治三二（一八九九）年、森は新設された小倉の第十二師団軍医部長になった。明治三五年には東京の第一師団軍医部長に異動する。この小倉時代に森は累年の脚気発生についての統計を見ての考えを述べている。蘭領インド（インドネシア）とわが国の脚気患者数を比べて、その増減の時期が重なっていることを明らかにして、伝染病特有の流行期の変動に過ぎないと結論付けた。つまり脚気の減少は、兵食の改善、米麦混食の成果だとは思えないというのだ。現在から見れば、なんと頑迷な態度だろうかと森を非難するのが普通かもしれない。

しかし、当時は現在のように統計的推定論の知識は誰にもなかった。統計の数字は、現在でも同じだが、その集めた情報の根拠や、収集方法、結果についての解釈が異なれば、実に多様な主張ができる。森はあくまでも病気の原因を突き止め、そこから治療法を確立するという道筋をつけることこそ、脚気の撲滅につながるのだと考えていたに違いない。やはり、彼は誇り高い医学者だった。それが高木や海軍軍医団への敵視につながったことは明らかであろう。

野戦軍百万を大陸に送った日露戦争でも「戦時脚気」は猛威を振るった。『明治三十七八年戦役陸軍衛生史』によれば、戦死は約四万五〇〇〇人、戦傷約一五万四〇〇〇人、戦死傷者の合計は約一九万九〇〇〇人にものぼった。なんと外征軍のうち五人に一人が戦死傷するという悲惨な戦争だった。戦地で入院した者は約二五万一〇〇〇人、その入院患者の半数近い約一一万人の病名は脚気だった。さらに隊内で療養した罹患者は約一四万人というから合わせて約二五万人が脚気患者だった。脚気による死亡者は明確な記録がないが、二万七〇〇〇人あまりといわれている。

高木の医学教育への貢献

高木は明治二一(一八八八)年五月に、わが国初の医学博士になった。陸軍軍医橋本綱常《つなつね》ら四人と同時に学位を授与された。英国で学んだ患者中心の病院と医学校をつくるといった積年の努力も実を結ぼうとしていたころだった。

帝国大学医学大学や大病院の医師たちはドイツ医学の影響を受けて、患者を研究対象として見るような傾向があった。帝国大学は明治一九年から発足して、それまでの医学部は医科大学となった。再び学部に戻るのは大正八年からである。以後、帝大医科大学とする。一般庶民にはとても手の届かない存在でもあった。では、開業医はどうか。多くは古くからの漢方医であったために、治療法も非科学的であり、あまり頼りになるものでもなかった。

高木は海軍軍医として職務に励む傍ら、同志たちと貧しい人たちのための「成医会《せいいかい》」を結成した（明治一四年一月）。会員の多くは高木の仲間である海軍軍医、そして数少ない英米系医師団に所属する医師だった。明治一六（一八八三）年九月から、芝愛宕下《しばあたごした》（現東京都港区、現東京慈恵会医科大学の敷地）に「有志共立《ゆうしきょうりつ》東京病院」を開いた。また、病院内には「看護婦教習所」も置かれるようになった。運営の醵金《きょきん》活動は主に華族や政治家の夫人たちからなる「婦人慈善会」によって行なわれた。

明治二〇（一八八七）年には病院の総裁に皇后陛下（明治天皇の皇后、のち昭憲皇太后《しょうけんこうたいごう》）をいただき、病院は東京慈恵《じけい》医院となった。院長は高木兼寛、次長は英国留学の後輩であり部下でもあった実吉安純《さねよしやすずみ》である。また評議員には戸塚文海《ぶんかい》、伊東方成《ほうせい》、池田謙斎《けんさい》、岩佐純、橋本綱常、長與《ながよ》専斎《せんさい》、佐藤進、緒方惟準、石黒忠悳、長谷川泰、大澤謙二などの高名な軍医や医学者たちが名を連ねていた。

医師の養成を明治一四（一八八一）年から高木は手がけていた。成医会講習所という医学校である。教員はここでも海軍軍医学校の若い軍医たちだった。英国医師アンダーソンの教えを受けた若者たちである。翌年から学校は海軍医務局学舎（現港区芝）に引っ越した。アンダーソンが帰国後になくなっていた軍医学校を医務局学舎として再開し、その校長に高木が補任されたことによる。

そして明治二三（一八九〇）年には、東京慈恵医院の敷地内に移った。学校名は当初は成医学校、のちに東京慈恵医院医学校という。のちの話だが、明治三六（一九〇三）年には医学専門学校に昇格し、続いてわが国初の私立医科大学になった。翌年には多年にわたって海軍の兵食の改善に寄与したことから、高木に勲二等瑞宝章《ずいほうしょう》が下賜《かし》された。ところが文部省賞勲局が東京大学医学部に意見を聞くが、このとき大学側は教授会全会一致で反対していた。学問的に無意味だというのだ。それを海軍が、実績があると強く要請してようやく与えられたものだった。当時の新聞にも載った大事件だった。

明治二五（一八九二）年に高木は貴族院議員に勅選《ちょくせん》され、予備役に編入される。後任は実吉安純軍医大監で実吉はすぐに軍医総監に昇任した。

脚気問題の最大の論敵だった石黒陸軍軍医総監は、高木とは個人的には親しい仲だった。女性の医学界進出の応援や看護婦の存在の重要性を認識することなどでは完全に意見が一致する関係でもあった。

高木は予備役編入後、私立東京病院、同東京慈恵医院の院長を兼ねて現役当時より多忙になった。また、銀座資生堂薬局も東京病院内にあり、帝国生命保険会社の社長にも就任するなどの活躍ぶりを見せた。

日清戦争では海軍は脚気予防に対策を真剣に立てた。麦食を重んじ、一日の白米支給量を一人一〇〇匁《もんめ》（三七五グラム）以内とした。もっと白米を増やしてほしいという現場の意見を認めなかった。おかげで戦時中には、入院患者三〇九六人中に脚気患者は三四人にしか過ぎず、死者も一人でしかなかった。高木は嬉しかったことだろう。

明治三三（一九〇〇）年、皇太子ご成婚にともなう授爵《じゅしゃく》が発表された。男爵は六〇人に授けられた。その中には海軍軍医総監実吉安純の名前があった。後輩に先んじられたが、これはおそらく日清戦争時の功績によるものだろう。

臨時脚気病調査会

小池正直は明治四〇（一九〇七）年一月に予備役に入った。すでに戦役の論功行賞では功二級勲一等に叙せられ、前年には男爵を授けられていた。小池の辞任の同日に森林太郎は軍医総監に昇任し、医務局長になった。世間ではようやく脚気病調査委員会の設立も話題になってきていた。海軍軍医総監本多忠夫も委員会設立について急ぐように論文を出した。

森は全力を挙げて委員会設立に動いた。陸軍上層部もこれに応じた。反対したのは文部省と内務省である。ただ反対といっても、単に省どうしの所管争いだったから法制局の仲裁《ちゅうさい》、「臨時」を頭に付けるといったことや、陸軍が予算をすべて出すということで落ち着いた。

この時、ちょうど来日したドイツ人医学者コッホの示唆は森に希望を抱かせたことだろう。コッホはこの来日の三年前にノーベル医学賞をとったばかりの国際的権威だった。コッホは北里柴三郎や青山胤通《たねみち》も前にして、森に「シンガポールやスマトラ（現インドネシア）のベリベリといわれる病気を研究せよ」といった。ただし、流行病のベリベリと日本の脚気は違うものであろう。しかし、違いを明らかにしてこそ、その正体に近づくことだとも語った。

選ばれた委員は伝染病研究所研究員、陸軍軍医、海軍軍医、東京、京都の両帝国大学医科大学の学者、ほかに医学博士一名といった構成だった。

調査団が編成され、横浜を出帆、蘭領インド（現インドネシア）に向かった。明治四一（一九〇八）年九月のことである。現地で患者の様子や治療法などを研究し、年末には帰国し、翌年から報告会が開かれた。報告は、伝染病ではない、ただし、ベリベリとわが国の脚気はまったく同じものであるというものだった。そして、原因は白米にはないという結論である。

ただし一人、都築甚之助《つづきじんのすけ》二等軍医正の所見だけは異なっていた。おそらく都築は白米原因説を採ったのだろう。森はニワトリで研究したエイクマンの試験の再現を都築に命じた。ニワトリ、ハト、猿、犬、猫、モルモットを使って白米だけを与える実験に取り組んだ。

結果は見事なものだった。白米で飼育するとすべての動物は人と同じ症状を起こす。解剖所見も同じである。玄米、熟米、焼米、麦で飼育すると脚気にならない。白米に米糠や麦、赤小豆を混ぜて飼育すると脚気の予防になった。なかでも米糠が最も有効だった。

しかし、この都築の報告は陽の目を見なかった。委員を辞任し、米糠の有効性を信じる委員がほかにいなかったので、この有効な研究は放棄されることになった。都築の報告には目を見張るものがあった。副食の質と量に関するものである。白米だけを食べるわけではない人は副食物でその欠乏物を補えるということだ。この都築を森は迫害したという人がいる。しかし、都築は委員会こそ辞めたものの、その後、一等軍医正に昇任、ドイツのハイデルベルク大学に留学し、医化学を修めた。医務局長たる森が認めなければ決して生まれない人事である。

鈴木梅太郎のオリザニン開発

鈴木梅太郎《うめたろう》は明治四〇（一九〇七）年に東京帝国大学農科大学農芸化学第二講座教授となっ

た。ドイツのベルリン大学から帰国したばかりの新進気鋭の農芸化学者だった。米の栄養についても研究し、米糠、麦、玄米を与えると脚気の予防効果があることも確認した。鈴木は明治四三年には東京化学会や臨時脚気病調査会でも同じ内容の発表を行なった。それは米糠の有効成分についてである。それをアベリ酸と名付けた。アンチ・ベリベリから由来したものだ。これは薬剤化され、オリザニンとされた。米の学名、オリザ・サティバによるものだといわれている。

ところが医学界ではこの薬は活用されたとは言いがたい。一つの理由は成分の分離技術がうまくいかず、純粋性に欠けたことだろう。しかし、鈴木は諦めずに純粋な単離に成功するのは昭和六（一九三一）年だった。そして大正時代の中ごろにオリザニンを医療に使った島薗順次郎が脚気の原因はビタミンＢ１の欠乏によると発表したのは昭和九（一九三四）年のことだった。

海軍に脚気再発

本多忠夫海軍軍医総監は大正四（一九一五）年一二月から海軍省医務局長に就任した。本田は東京大学医学部出身（明治一七年卒業）の医学博士だった。それまでの局長がいずれも高木の薫陶《くんとう》を受けた英国の医学の流れを受けた人たちだったのに対して、それと異なるドイツ式医学教育を受けた軍医である。彼の就任以前から少しずつ海軍兵にも脚気患者が出てきた。なんと大正四年には年間で二〇〇人を超すようになってきていた。

これはどうやら食事の変化に関係があるらしい。日露戦争後、海軍は外洋を航海する機会が増えた。航海中はビタミンを多く含む生野菜などを食べられず、貯蔵された缶詰肉などにはタンパク質はあってもビタミンはなかった。

高木の実践の成功は、いわばまぐれ当たりだった。ビタミンを含む豊かな副食と麦による摂取が効果を示したのである。だから、乾燥野菜を水で戻し、缶詰肉を食べさせても脚気の予防にはならなかった。それを海軍では医務局長以下が、みな脚気は撲滅されたと信じてしまったのだ。海軍では兵員が症状を訴えると、脚気ではなく別の病名を付けていた。おかげで患者はよほど重症にならなければ入院もさせてもらえなかった。本多は軽症の脚気にも目を配るようにさせた。その結果、海軍の脚気が再発したのである。

帝大教授たちの転向

大正三(一九一四)年五月、カシミール・フンクがドイツで『ビタミン』と題した本を出版した。世界中にこの本は喧伝《けんでん》された。

ただちに東大薬物学教室は米糠エキスの研究を始めた。それまで糠など脚気に効かないといっていた田澤教授が最も熱心だった。それは留学中に現地の雰囲気を体感してきたからだろう。大正六年には内科学教授入沢達吉と連名で「糠エキスを内服した患者が脚気から回復した」という内容の論文を出した。

翌年四月、都築甚之助は内科学会でアンチ・ベリベリンを投与した成功例について報告した。九月、入沢と田澤は、糠からエキスを抽出するにはアルコールより水で加温浸出する方が優れていることを発表した。糠の煮出し汁を飲めば脚気の危険症状から脱することができるという。こうして脚気病調査会はもはや伝染病説に全会一致しているという状況ではなくなったことが明らかになった。

第一次世界大戦（一九一四～一八年）後にはビタミン学の進歩がわが国医学界を変えようとしていた。島薗順次郎《しまぞのじゅんじろう》は大正八（一九一九）年には調査会の臨時委員に選ばれた。同一二年には島薗らによって実験が進められた。ここで明らかになったのは、やはり貧しい副食と白米はビタミン不足により、脚気を引き起こすという事実だった。

大正一三（一九二四）年には勅令によって、臨時脚気病調査会は廃止された。その理由には、脚気はビタミンＢ１の欠乏によることが解明されたことが挙げられている。

森鴎外への批判について

大正五（一九一六）年四月、森林太郎（鴎外）は予備役に編入された。臨時脚気病調査会長は陸軍省医務局長が就くことになっていたから、森は会長を離任した。ただし、その後も、臨時委員として会には出席を続けた。先に述べた島薗や入沢の報告も森は真剣に傾聴していただろう。学理を重んじ何よりも脚気の原因に関心を持っていた軍医は、むしろ晴れ晴れとした気持だったに違いない。大正一一年、森林太郎は生涯を終えた。

森が生きたこの時代、人は単に脚気の治療法を知らなかっただけではなく（もちろん一部の漢方医の有効な実践はあったが）、ビタミンという微量栄養素が人の生存に必要だったことも知らず、実態を調べようとしても、統計学的な処理もまだ確立していなかった。

そのなかで模索するように二人の医学者は対立した。一人は戊辰戦争で実戦の場で自らの知識・技術の不足を痛感し、患者の側に立つ医師を目指した高木兼寛海軍軍医。その高木は英国の医学校でさらに大きな課題を持って帰国する。病気ではなく患者を見る姿勢がその特徴だといえるだろう。

もう一人は発足したばかりの東京大学でドイツ流医学を学んだ森林太郎である。森は一九歳で大学を出て、陸軍軍医になった。留学先は世界の医学最先進国のドイツである。そこでは実践よりも、学理を追究する医学が重んじられた。帰国後に歩んだのは衛生学の若き権威者としての道だった。

食餌の改善から、そして海軍兵卒の世界から脚気を撲滅した高木兼寛、対しては日清日露の両戦役で麦食に反対したために多くの兵を殺したとされる森林太郎。その実像はどうかと調べてみた。すると分かってきたことは、当時の社会と民間医療、そして軍の衛生界の実態の一部である。

まず、陸軍軍医の仕事の幅は大きかった。徴兵制度とそれに関わる戦時での動員体制である。健康な兵員を確保し、動員にあたっては健康な適格者を多くもっていなければならないのが陸軍だった。だから軍隊だけではなく、一般社会の公衆衛生の向上にも気を配らねばならなかった。戦時に増える部隊に配属すべき軍医予備員の養成、これもまた民間医師の養成まで視野に入れるべき事情を生んだ。森は陸軍軍医として生きたなかで、こうした行政的な問題の解決に力を注ぎ続けていった。

対して、徴兵事務に関してはすべて陸軍に任せてよかったのが海軍軍医団である。彼らはせいぜい艦隊や海兵団という、陸軍と比べればずいぶん小さな人間集団を相手にすればよかった。

海軍では、兵食も基地から艦内に積み込めば、あとは蒸気をふんだんに使える烹炊所《ほうすいしょ》（ギャレー）で飯を炊き上げ配食するだけである。陸軍では乏しい輸送力（人や馬の背中）に頼り、藁で編んだ叺《かます》に入れて前線に運んだ。保管や配食にも、広大な戦野ならではの苦労があった。

森が言いたかったことは、脚気に対して対症療法だけでよいのか。国民病とされた脚気について医学的な筋道が立った結論こそが求められているのではないのか。麦を与えれば脚気が減る、そうした相関関係だけで脚気を撲滅したといえるのか。因果関係を明確にすることが必要ではないか、ということだったろう。

森は最後まで責任を貫いた。調査委員会を組織し、その運営に努力した。退役しても最後まで会議には出席し続けた。そうした責任の取り方もあったのである。

「制度を軽視する者は制度に泣く」といわれる。ある時代の実相をつかむには、その時代独自の社会制度を知ることが欠かせない。二人を理解するためには、どうしても避けて通れないのが当時の制度である。だから、少し過剰なくらい当時の社会制度にも触れるといった一見、迂遠な道筋もたどっている。

目次

はじめに　1

第一章　脚気の始まり　25

脚気という憂鬱な病　25

高木兼寛という若者　39

第二章　西洋医学の導入　45

軍医誕生以前　45

英国医学かドイツ医学か　64

薩摩藩とウィリス　68

海陸軍軍医の発足　75

第三章　脚気への挑戦　95
高木の帰国　95
脚気の原因は兵食にあり　110
第四章　陸軍の脚気対策　134
陸軍兵食の始まり　134
陸軍と脚気　142
第五章　森林太郎の登場　158
森の医学研究のパラダイム　158
海軍の「洋食採用論」を否定　164
日清戦争の脚気の惨害　174
台湾の叛徒鎮圧と脚気発生　187
海軍軍医の告発と陸軍軍医の反論　198
高木兼寛の退官以後　221

北清事変の脚気の惨害　230

第六章　日露戦争の脚気惨害　234

開戦時の陸軍兵力　234
衛生部の配慮　237
日露戦争の脚気　242

第七章　臨時脚気病調査委員会　267

脚気調査会の発足　267
オリザニンの開発　283
海軍の脚気再発　297
フンクの『ビタミン』の出版　305

参考・引用文献　318
陸海軍医務局長の歴任者　320
おわりに　321

第一章　脚気の始まり

脚気という憂鬱な病

京城事件、邦人救援に出動せよ

明治一五（一八八二）年、壬午《じんご》の年の八月初めのことである。

日清両国の艦隊は朝鮮の首都漢城《ハンソン》（現ソウル）の外港である仁川《インチョン》港、済物浦《チェムルポ》で睨み合いを続けていた。七月二三日に起きた朝鮮軍の反乱と日本公使館襲撃事件に対応するために、わが国からは五隻の軍艦が朝鮮に出航した。公使館、領事館員と在留邦人の保護のためである。

仁川に向かった艦隊の旗艦は「金剛」（コルベット、二二八四トン、乗員二五〇人）、ほか

「比叡」。鉄骨木皮ながら英国製最新鋭艦だった。

に「日進」（スループ、一四五八トン、乗員二五〇人）、「筑波」（コルベット、一九四七トン、乗員三〇一人）の三艦だった。

同時に釜山《プサン》にも「天城」（スループ、九二六トン、乗員一六四人）が向かった。また「金剛」と同型艦である「比叡」、「迅鯨《じんげい》」（コルベット、一四五五トン、乗員一四七人）、「孟春《もうしゅん》」（砲艦、三五七トン、乗員八七人）も出動を命じられていた。

このころのわが海軍にはさまざまな経歴の艦船が在籍した。維新のあとに各藩から献納されたもの、新政府になって海外から購入したもの、そして国産である。当時の軍艦の種別も、その来歴に関係し、外国製の場合、大きさ、用途などによって（大きい順に）フリゲート、スループ、コルベットに区分されていた。

ここに登場した「金剛」「比叡」はいずれも当時では英国製の最新鋭艦であり、明治一一

（一八七八）年に竣工、同年中にわが国に回航されていた。材質は鉄骨木皮といわれたように、外張りこそ木ではあったものの、構造材は鋼鉄だった。二五〇〇馬力のエンジンを備え、速力も一三・二ノット（時速約二四キロ）を誇った。ただし、巡航状態では帆走もできるように三本のマスト、大きな帆も装備していた。

当時、朝鮮王室の中では国王、王妃（閔妃《ミンビ》）を中心とした革新派と、王の父である大院君を擁した保守派の対立があった。革新派は日本に近づき、保守派は清国を後ろ盾にしていた。革新派はまず軍備を改革しようとして、わが国の援助・指導を受け洋式軍隊をつくった。旧式軍隊の一部は解散を命じられ不満は高まっていた。

そこに起きたのが給与の遅配と支給された米に関わる不正だった。昔から軍隊の反乱は食糧についての不満から始まることが多い。このときも支給された米に砂が混ぜられて重さがごまかされていた。上官が部下の給与をごまかし私腹を肥やしていたのである。

総員の三分の一が脚気

七月二三日には、ついに旧式軍部隊が反乱を起こし、王宮内に乱入し、革新派の重臣を殺傷する。その裏には保守派の陰謀もあり、大院君などが煽動したのである。反乱軍は派遣された教官の日本陸軍工兵少尉を惨殺し、日本公使館も襲うという暴挙に出た。放火された公使館では五人が殺害され、花房義質《はなぶさよしもと》公使は書記官以下二八人とともに、からくも仁川港に逃れることができた。しかし、避難する船がない。全員は小型ボートで漂流することになったが、運よく英国測量船に救助され、ただちに帰国することができた。

このときに清国北洋水師の軍艦もやはり事件への介入の機会をうかがい済物浦にいた。この艦隊は清国北洋水師がチリから購入したばかりの「超勇」「揚威」の二隻の英国製防護巡洋艦だった。防護という名称は喫水線近くに防弾用の鋼帯を付けていたからである。

日本側の交渉が実り、済物浦条約が結ばれて事件は解決をみた。賠償金や漢城への駐兵権を得ることができた。

ところが、このとき日本艦隊には悲惨な状況が起きていた。乗り組みの水夫(兵)や火夫《かふ》(機関兵)に多くの脚気患者が発生し、立ち上がることができない者が総員の三分の一にものぼっていたのだ。戦闘配置の際には定員どおりの乗員が必要であり、エンジンの罐焚きにあたる火夫や、操帆・操砲要員の水夫などの乗組員がいた。その三人に一人が脚気症状を訴えていたのだ。艦隊ではこの事実が清国軍艦に知られないように、盛んに操砲・操帆などの訓練を繰り返した。それがかえって患者を増やすことになった。

また増援のために品川沖で出航準備が完了していたわが国最大の軍艦「扶桑」(三七一七トン、乗員二五〇人)の下士、水夫、火夫にも脚気が広がっていた。「扶桑」は出撃もほとんど不能といった状態だったのだ。「戦えない艦隊」、海軍上層部に大きな不安を与えた事態だった。

脚気の始まり

脚気の症状は古くから知られていた。「アシノケ」とか「カクビヤウ」「キヤクキ」などという言葉が平安時代の古典にも登場する。もともとは古代中国の晋のころ（西暦二五五〜四二〇年）の三世紀に、嶺南地方、いまの広東省や広西省にこの病気が現れたという。

まず、向う脛《ずね》に軽いむくみがでる。強く指で押すと、皮膚にできたくぼみがなかなか元にもどらない。脚の感覚が鈍くなり、歩きにくくなる。無理して歩いたり、走ったりすると動悸や息切れがする。続いて全身に倦怠感が起き、食欲も減退し、血圧が下がってくる。急に症状が悪化すると心臓が止まってしまう。原因もまったく分からず、さまざまな手当ても効果があがらない。

奇妙なのは、健康な成年男子が多くかかったことだった。老人や婦女子、子ども、もともと虚弱な人などの体力がない者はめったにかからない。病気は弱い者がなるといった常識とはまるで逆だったのである。ふつうに考えれば病気とはおよそ無縁な、栄養状態も良さそうな元気な若者がこの病気の主な罹患者《りかんしゃ》だった。

この不思議な病気は、やがて長江下流の南岸地帯にも広まっていった。隋の時代（五八一〜六一八年）には長江を越えて北方にも伝わるようになった。続いて唐の時代（六一八〜九〇七年）になると、中国全土に広がっていった。

このことは稲作と米食の広がりの範囲に大きく関係していた。広東省・広西省という嶺南地方から稲作は始まり、西晋のころには江西地方に稲作が広がり、隋・唐の時代には中国全土で白米が食べられるようになった。つまり、脚気は白米食の広がりとともに起こる病気だった。「脚気」という病名も晋の時代、脚部の不調から始まる病気だったので名づけられたものである。

脚気の伝来

わが国でも『日本書紀』や『続日本紀』に脚気の症例が記録されている。奈良時代（七一〇〜七九四年）の少し前から脚気が見られるようになったことは間違いない。

さて、その原因はといえば、仏教の伝来（五三八年ごろ）から肉食が好ましくないとされたからだろう。上流階級では白米が食べられるようになり、その代わり副食はずいぶん貧しいものになっていたということだ。

精米の風習は、五世紀ころから米搗《つ》きが行なわれるようになったことから始まるといわれる。米の種皮を落とし、それは同時に胚芽《はいが》も欠けさせてしまったが、その食べやすさと消化のよさ、美味しさは目を見張るものがあったに違いない。それまでの黒ずんだ粗精米《そせいまい》から白く輝いた白米が生まれたのである。推古天皇のころには高句麗から精米用の石臼《いしうす》も輸入された。

平安時代（七九四〜一一八五年）になると、当時の天皇家や公卿の中に脚気が見られるようになった。歴史書や公卿の日記だけではなく、文学書にもしばしば現れるようになる。有名な『枕草子』や『源氏物語』の記述の中にも脚気が出てくる。「カクビヤウいたはりて」「キヤクキたえがたく」「アシノケのぼりたるここちす」などという文言がそれらである。この時代にはのちのように脚気という病名は使われず、カクビヤウ、キヤクキ、アシノケなどといわれていたのだ。脚気という中国からの外来語が使われるようになったのは室町時代（一三三八〜一五七三年）よりあとのことである。

室町時代には、それまで無縁だった武士たちにも脚気は広がった。足利将軍一族や幕府の管領《かんれい》や守護《しゅご》といった上級武士たちにも脚気が流行するようになった。江戸時代になると、貴族階級だけでなく武士や上層町人にも患者が増えていった。精米食がさらに普及するようになると、将軍家はじめ大名家の人々も脚気に悩まされるようになった。

第三代将軍徳川家光（一六〇四〜一六五一年）は二五歳で脚気にかかり、二五歳で痘瘡《とうそう》（天然痘）になった。四三歳の時には「瘧《おこり》」、おそらくマラリア三日熱に感染したらしい。このマラリアはわが国に古くからある風土病だった。ハマダラ蚊が媒介する。今では知る人は少なくなったが、この蚊はちょっと前まで（一九五〇年代以前）水はけの悪い低湿地や水たまりには大量に発生していた。多くの子どもが幼いうちにこの蚊が運ぶ病原菌におかされて、なかには死ぬ者もいた。また免疫を手に入れて成長することができた者もあり、家光はおそらく幼児感染の経験から軽症で済んだのだろう。死因は高血圧による脳出血といわれるが、慢性の脚気も抱えていたことは確かである。

第一〇代の家治《いえはる》（一七三七〜一七八六年）は壮健な将軍だった。一五歳で痘瘡にかかったが無事に回復し、二三歳で将軍になった。その後の二五年間、大きな病気は記録されていない。ところが、残暑が厳しかった一七八六年八月の初旬（今でいえば九月）に足のむくみを訴えた。現代なら、まず腎臓病や心臓病を疑うが、当時は脚気と診断された。医師の治療を受けたが、八月一五日には歩くことができず、中奥から政務をとる表御殿に出られなくなった。九月三日、家治は重態になり、おそらく心臓を水が圧迫し、五日危篤。八日には心不全により亡くなった。典型的な脚気による病勢の進行をたどっている。

幕末の将軍たちと脚気

幕末ともなると、江戸の庶民にも「江戸煩《わずら》い」が流行していた。江戸っ子の自慢は「水道の水と銀シャリ」だった。三食に精白された米を摂取するようになり、ビタミンB1を多く含む米糠《こめぬか》や、胚芽を落とした白飯を腹いっぱい食べていたのだ。江戸煩いの名前の起こりは、地方から働きに来たり、学問修行に江戸にやってきたりした青少年が、しばらくすると全身のだるさや脚の不調を訴え、寝たきりになることからである。これがまた不思議なことに、郷里にもどって玄米食や麦食をすると快癒した。これが江戸特有の病であるからと一種の流行病のように思われていた。

第一三代の家定《いえさだ》（一八二四〜一八五八年）も死因は脚気衝心《しょうしん》だった。一八五五年には家定は重い脚気にかかっていた。記録によれば、症状は食欲不振、下肢のむくみ、乏尿という。息切れ、呼吸障害、心身虚脱という症状も見られ、一八五八年の暑い夏、おそらく脚気衝心によって亡くなった。この時には幕府医師にも蘭方医が採用されて、将軍の診察や病気の治療に加わるようになった。

将軍の中でも、脚気による死亡として最も有名なのは第一四代の家茂《いえもち》（一八四六〜一八六六年）だろう。紀州藩主の嗣子《しし》に生まれ、のちに第一五代将軍となる一橋慶喜《ひとつばしよしのぶ》と将軍位を争った。人柄のよさで知られ、蘭方医だった幕府奥医師松本良順《りょうじゅん》（一八三二〜一九〇七年）が懸命な治療にあたったことで知られている。一八六五年には長州と戦うために大坂に在城し、翌年の夏、七月には両脚にむくみが現れた。

松本良順（のち順に改名）。幕府奥医師の家に入り、松本姓を継いだ。佐倉順天堂の創設者佐藤泰然の次男。

ところが、当時、先進的だった蘭方医たちと漢方医の診断が対立した。蘭方医は脚気であることを認めず、リュウマチに胃腸障害が起きたと判断していた。このときの蘭方奥医師だった竹内玄道の診断によれば「咽喉のただれ、胃の具合悪く、両脚にむくみが出た。健胃剤と利尿剤を投与したが尿量は少なく、むくみも増した。嘔吐、苦悶の症状があり、病気の本態はリュウマチであろう」という。

当時、蘭方では神経障害があるとリュウマチという新しい病名をつけることが流行し、脚気を初期症状からリュウマチと判断するのがふつうだった。このときも、朝廷から派遣された漢方医の下した脚気という診断を否定することに懸命だった。

のちに初代の陸軍軍医総監になる松本良順（維新後、順に改名。男爵）は、蘭方医学の大家であった下総（現千葉県）佐倉の順天堂医院の創設者佐藤泰然《たいぜん》（一八〇四～一八七二年）の次男だったが、旗本の奥医師松本家の養子に入った。オランダ海軍軍医（実はドイツ人）ポンペが指導にあたった長崎医学伝習所の塾頭を務め、当時、最新の医療技術・知識を持っていたとされている。

この松本が医師団の中で最も若く、彼は脚気という診断に疑いを持っている一人だった。「心膜炎」ではないかというのだ。もちろん、ビタミンが知られるのは、はるか半世紀も先のことである。当時の蘭方医といっても多様な心臓疾患について詳しいわけではなかった。

松本はたまたまオランダ海軍軍医ポンペ・ファン・メールデルフォールト（一八二九〜一九〇八年）の後任として長崎にやってきたオランダ陸軍軍医フランシスカス・ボードウィン（一八二二〜一八八五年）から心膜炎について教わっていた。ボードウィンはユトレヒト陸軍軍医学校の教官であり、熱心に指導し、日本人医師たちを育てた。脚気症状の患者を診て、「心膜炎」と診断し、松本たちに印象深い講義を行なった。

幕府長崎海軍伝習所付の初代オランダ海軍医官ポンペ。

脚気と症状が重なるので、心膜炎との違いを判別しにくいが、脚気も悪化すると心肥大が起こった。水がたまるのは心臓の外

ポンペの後を継いだ２代目医官のオランダ陸軍軍医ボードウィン。

側をつつんでいる二枚の心膜《しんまく》（心嚢《しんのう》ともいう）の間である。ひどいときには二リットルもたまる。それが心臓を圧迫し、血圧を下げたり、全身の静脈血をうっ血させたりする。どちらにせよ、医師団にできたことは気休めの投薬しかなかった。

　ところで、家茂はなかなかの甘党だった。のちに増上寺の将軍家墓所の発掘・改葬作業が進み、将軍たちの遺骨が検案された。それによると家茂の虫歯は三〇本にも達していたらしい。この虫歯がもとで体力と抵抗力が低下して脚気の症状をさらに悪化させたのだろう。また、当時の見舞い品の記録があるが、「大平糖」一箱、お菓子、氷砂糖、羊羹、カステラ、懐中もなかなどの甘味品が多い。もちろん、粕漬けアワビ、焼き鮎などもあるが大半は甘いものだった。

　糖分はビタミンＢ１の消費をかえってうながしてしまう。脚気症状を軽減させるどころではなかった。結局、家茂は苦悶の中で死んでいった。なお、彼の愛妻だった皇女和宮《かずのみや》も同じく脚気で亡くなった。江戸城大奥は甘いものと白米には不自由しなかった。おそらく彼女以外にも高級女官たちの中には脚気を患っていた人が多かったことだろう。

軍艦での脚気流行の原因

脚気は、神経障害（感覚障害、運動障害など）、筋肉障害（運動障害）、循環器障害（心臓障害）、水腫《むくみ》、胃腸障害などを主症状とする全身性の病気である。重くなってくると心臓に影響があり、血圧が低下し、最終的には衝心（心臓麻痺）を起こして死にいたる。

脚気の原因はいまでは明らかになっている。五大栄養素は脂肪・タンパク・炭水化物・ミネラル・ビタミンといわれる。脚気の発症はそのうちビタミンＢ１の欠乏による。このＢ１はチアミンともいわれ、水に溶けやすく、調理のときにも失われやすく、摂取しても吸収しにくく、尿や汗にともなって体外に排出されやすい。だから汗をかく夏に患者が増える。

明治維新以後、脚気は大流行し、つい先ごろ（昭和三〇年代）まで患者は多かった。いまも、都会で一人暮らしをして、バランスの悪い食生活を送ると脚気予備軍になるという。清涼飲料水や、インスタント食品、ファストフードばかりに頼り、酒まで飲むと、これらの糖質（炭水化物）や脂肪酸の分解にＢ１が多く使われるからである。また、激しい運動をしたり、夏に汗を多くかいたりするとＢ１は当然、体外に流れ出してしまう。Ｂ１の不足は末梢神経を弱らせ、心臓の血流機能障害を引き起こす。糖質や脂肪酸はＢ１によって代謝（分解してエネルギーにすること）されて神経や筋肉、皮膚や粘膜の維持に役立っている。

Ｂ１を多く含む食品は、胚芽米、豚肉（ただしヒレ肉に多い）、麦ごはん、小麦粉、うなぎ、玄米、そば（とりわけ蕎麦湯に多い）、たらこ、大豆、枝豆、青のり、カシューナッツ、ドリアンなどである。また、Ｂ１の吸収を高める食品がある。玉ネギ、にら、にんにく、ネギなどが挙げられる。これらの摂取は、昔から生活の知恵として伝えられてきた。夏の盛りにウナギを食べ、そばの薬味にはネギを使う。そばを茹で上げた蕎麦湯を飲むなどである。

明治の俳人、高浜虚子《きょし》が「病んで国に帰るといとまごひ」と詠んだ。まさに地方出身の書生たちが東京で脚気にかかり、故郷に帰るときのことである。そして帰郷した若者はたちまち元気になった。

狭い軍艦の中で脚気が流行した理由が分かるだろう。食品の保存技術が塩漬けや干物くらいしかなかったころである。艦内では大量の白米を具のない味噌汁や漬物だけをおかずにして摂っていた。海軍に入隊すると、毎日五合（約七五〇グラム）の白米を支給された。副食は与えられた現金で自由に購入していた。その現金を故郷の家族に送ったり、将来に備えて貯金したりするのがふつうだった。腹がふくれればいい、おかずなどに気を配るのは贅沢だし、無駄だとも考えていたのである。

新鮮な大豆や野菜、豚肉など、当時の軍艦ではとても手に入るものではなかった。健康的な雑穀米や胚芽米、さらに稗《ひえ》、粟《あわ》まで食べようという健康志向の情報があふれる現代。どこの家にも冷蔵庫があり、なかには専用冷凍庫まで持っている家庭もある。サプリメントがどこででも手に入り、バランスがよい食事の重要性を誰もが知っている現在。しかし、先人たちにはそんな道具もなければ、知識すらもなかったのである。

高木兼寛という若者

高木、西洋医学の実践を見る

高木兼寛《たかぎかねひろ》は「海軍の脚気を撲滅させた偉大な軍医だった」といわれる。東京慈恵会医科大学の創設者である。また、看護婦の養成にも高い関心を持ち、看護教育にも取り組んだ軍医官であり、南極大陸に彼の名をつけた岬もあるほど、海外では評価が高い人物であった。事実、彼の業績は世界では「一八八二年、食餌《しょくじ》（医学用語で食べ物のこと）の改善によって脚気予防に成功した」として現在も知られている。

高木は嘉永二（一八四九）年の九月に日向国（現宮崎県）東諸県郡穆佐《むかさ》村に生まれた。父親は大工だった。幼いころから父親の手伝いをし、そのかたわらに郷士の家で漢籍を学び、一七歳のとき、鹿児島城下の蘭方医石神良策《いしがみりょうさく》（一八二一～一八七五年）の門下に入った。

高木は戊辰戦争で実戦を体験している。薩摩軍は出征にあたって部隊ごとに医者を連れて行った。高木は小銃九番隊付医師として鳥羽伏見の戦いにも従軍した。このときは目の前で銃撃された一名が即死、四名が重傷を負い、その手当に奮闘する。

続いて奥州平城攻撃に向かった。そこで蘭方医として名高かった関寛斎《せきかんさい》（一八三〇～一九一三年）と出会った。関は現在の千葉県東金《とうがね》の出身で佐倉順天堂に学び、長崎でポンペにも教育を受けた。このときは新政府軍の阿波徳島藩の藩医として従軍、奥羽出張軍陣病院長だった。

漢方医でも刀や槍による傷の処置はできた。消毒したり、傷口を縫い合わせたりもした。しかし、銃撃による傷の手当の対処などでは、外科手術もこなせる蘭方医にはとてもかなわなかった。関の治療は、傷口を消毒し、体内に弾丸があれば摘出し、包帯を巻いて沸騰散を飲ませる。また、戦場に多いチフス患者への対応もポンペの教えを守り的確だった。高木はそこで優れた西洋式外科治療の実態を見た。自分はせいぜい粉薬や油薬を塗り込み、膏薬を貼ることくらいしかできなかったのである。

銃弾によって出血が止まらない者には手の下しようもない。関の指示によって、傷口を縫い合わせないこと、布できつく縛ることはやめることが徹底された。化膿を防ぐためである。また傷口を焼酎で消毒する、出血が止まらぬときは焼きごてを押しつけることなどが教えられた。

会津藩の降伏を見届け、高木らは白河へ向かった。動員態勢が解かれ、鹿児島へ戻ることになったからである。白河には出張病院が置かれ、その頭取は佐藤舜海《しゅんかい》（尚中《たかなか》）の養子、進だった。舜海は有名な西洋医学塾、佐倉順天堂の創設者、佐藤泰然の養嗣子《ようしし》である。舜海は会津藩主松平容保《かたもり》と親しかった。そのため自らが新政府軍の医官になるのは避けて、この二四歳になる後継者の進を新政府軍に差し出したのだ。高木はそこでも佐藤進が指導する優れた西洋医術の先進性をみせつけられた。

銃創を受けた患者に、各藩の医師は裂いた綿布を傷口に押し込んだり、ただの湯や黄檗《おうばく》の煎じた汁を塗ったりするだけだった。このため壊疽《えそ》を起こしてしまうことが多かった。傷口も縫い合わせるので、しばしば化膿を起こしてしまう。

高木は白河で師匠である石神良策の消息を知らされた。石神は長崎に遊学し、ポンペの下で学んだ。鹿児島に帰ると種痘具《しゅとうぐ》による疱瘡《ほうそう》（天然痘）対策に力を注いだ。いまは新政府軍の横浜軍陣病院に頭取として勤務しているという。そこでは英国公使館付の英国人医官ウィリスが活躍していた。

英国医師ウィリスと新政府

幕末から維新にかけて、わが国の医学界に大きく寄与した医師、ウィリアム・ウィリスは一八三七年にアイルランドに生まれた。エジンバラ大学を卒業、ロンドンの病院の勤務医となり研修を積んだ。来日は文久元（一八六一）年、二四歳のときだった。翌年には薩摩藩士らが、英国人を殺傷した生麦事件にも関係している。死んだのはリチャードソンという商人で、このリチャードソンの遺体を検視し、アメリカ領事館に運んだのはウィリスだった。

ウィリスは薩英戦争にも加わった。派遣された英国艦隊旗艦「ユリアラス」に乗り組んで負傷者の手当てにあたった。このときは「ユリアラス」にも砲弾が命中し、艦長が戦死した。善戦はしたものの英国の軍事技術に完敗した薩摩と、サムライを見直した英国の仲はかえって親密になった。

ウィリスが薩摩藩士に知られたきっかけは鳥羽伏見の負傷者を兵庫で手当てをしてからだった。大山弥助《やすけ》という砲兵士官がいた。のちの元帥公爵陸軍大将大山巌《いわお》である。大山は右耳に貫通銃創を負い、京都の仮病院に送られた。彼が見たものは、有効な手当ても受けずに死んでいく戦友たちである。進んだ西洋医術の治療を受ければ助かる者も多いだろうと従兄の西郷隆盛《さいごうたかもり》や大久保利通《としみち》に訴えた。そこで兵庫沖に停泊中の英国軍艦に乗り組むウィリスを招くことになった。

京都の仮病院に到着したウィリスはさっそく獅子奮迅の働きをみせた。西郷従道《つぐみち》（のちに海軍元帥）も左の耳から首にかけての貫通銃創を負ったが、彼の手術を受けて命をとりとめた。ウィリスはまた廉潔《れんけつ》で謝礼を渡そうとしても受け取らなかった。英国官吏《かんり》としての公務執行である、礼をもらう理由がないと主張したのである。

明治天皇も英国公使パークスとともに参内《さんだい》を受け入れ、直に謝辞を述べた。また、その間には土佐藩の要望で前藩主の山内容堂《ようどう》の病気治療も行なった。

横浜病院にはウィリスと新任の公使館付医官のシッドールと二人の英国人医師がいた。八月にはウィリスは、いまだ戦火が続く新潟方面に向かった。そして石神良策もまた、横浜病院を撤収して、東京下谷（現台東区）の藤堂家屋敷を大病院にする計画にともない東京に向かうことになった。この東京大病院の取締は緒方惟準《おがたこれよし》（一八四三〜一九〇九年）で、大坂適塾《てきじゅく》の緒方洪庵《こうあん》の次男である。

惟準は長崎でオランダ医学を学んだ。自分の意思に反して幕臣にされて一八六三年に江戸で亡くなった父のあとを継ぎ、幕府の西洋医学所教授になった。続いて幕府留学生としてオランダで医学を学んだ。のちに陸軍軍医となり、脚気の予防策として麦食を推奨するなどの実践家でもあった。

高木の帰郷

高木兼寛は軍隊の復員にともなって鹿児島に帰った。明治二（一八六九）年一一月のことである。鹿児島の開成所洋学局の学生となったのは翌年だった。蘭学者の下でオランダ語を学び、石神良策の下では医学を学び、さらには隊附軍医としての貢献を認められたのだ。

このころ、薩摩藩は英国に親交があり、留学生も幕末から送られていた。高木が開成所に入学したのはちょうどその幕末の留学生が帰国し、授業も英語になったころである。高木はそこで西洋医学といえばオランダ医学そのものだったことが過去になったことを感じた。

明治二（一八六九）年一月二〇日には、薩摩、長州、土佐と肥前の各藩は版籍奉還《はんせきほうかん》を上奏《じょうそう》した。版とは土地を指し、籍とは人民のことをいう。ここに封建時代から続いた各大名による領国の支配は滅び、東京政府による中央集権化は一気に進むことになった。この上奏は五月に天皇に受納され、各藩の領地はすべて天皇に返され、それまでの藩主は藩知事という官僚身分になった。新しい仕組みで藩政も動くことになった。

年末には高木にも現金が与えられた。戊辰戦争に従軍し、隊附軍医の任務を果たしたことへの行賞だ。戦死者、戦傷者、病死者たちにも、それぞれの功績に応じた手当が下賜された。

開成所で英語を学び続けていた高木は師であった石神のことが気にかかっていた。横浜軍陣病院の撤収、東京への移転のときに会ったきりである。石神とは音信もなかったようだが、石神はこのころ、東京でたいへんな事態に巻き込まれていたのである。

東京では日本の将来の医学界を左右するような激しい動きがあった。石神はその渦中で振り回されていた。

第二章　西洋医学の導入

軍医誕生以前

江戸時代の医師

戊辰戦争には多くの医者が従軍した。まだ軍医という呼び名はなかったが藩ごとにいわゆる官医がいた。徳川家にも将軍をはじめ、その家族を診る奥御医師《おくごいし》や、旗本などを患者とする寄合《よりあい》医師などがいた。同じようにそれぞれの大名家には藩主や貴人の健康を預かり、病気やけがの治療にあたるお目見《めみ》え以上の士分の医師もいた。また、より軽い身分、足軽、小者などがかかる医師もいたのだ。これらは大名家から扶持《ふち》を与えられた官医である。

江戸時代にはとくに医師になるための厳密な資格試験はなかった。町医者になるためには、自分で十分な修業を積んだと思えば、誰でも看板を掲げればそれで開業医になれた。

ところで漢方医学というのは西洋流の「学術」といえたかどうか。人体の構造にしても、病気の内容についても、まるで一個の哲学体系のようなものである。あとは経験による処置方法しかなかった。もともとがそのようなものだったので、医学という学問としては発達しにくかったというしかない。

独自の医学は日本史の教科書にも解剖で有名な山脇東洋《やまわきとうよう》（一七〇五〜一七六二年）や麻酔学の華岡青洲《はなおかせいしゅう》（一七六〇〜一八三五年）などが紹介されている。しかし、その弟子たちによる発展はとくにみられなかった。発展を支えるには、それを可能にする学問の思想や、それに向き合う態度が必要だったからである。だが、それらはもともとわずかしか、当時の社会に存在しなかった。

人気のある医者には権威があった。その権威の中で最も大きなものは幕府の医学館で学んだという経歴だろう。その経歴は、のちの時代でいえば東京帝国大学医学部卒のようなものだ。幕府の官医はおおよそ親の職業・立場を継いだ。誰もが一応医学館に入り修業を積んだ。

幕府奥医師は大名並みの官位まで持っていた。法印《ほういん》（四位相当）とか法眼《ほうげん》（五位同）、法橋《ほっきょう》（六位同）といった元来は僧侶が叙任《じょにん》される官である。法眼であれば、幕府表役人（行政官）の諸大夫《しょだいぶ》クラス、守名乗《かみなの》りをする町奉行、勘定奉行などとほぼ同格になった。そうでなければ封建時代のことである。将軍や貴人の身体にふれたり、言葉を交わしたりはできなかった。

それもあって医師は「方外《ほうがい》の人」（世間一般の規範が適用されない）という扱いだった。医師は堂々たる武士身分であり両刀を帯びていた。ただ、頭だけは僧侶と同じように剃り上げて坊主頭だったことが特徴である。ある種、特殊技能を持った専門家であるという扱いは、お茶席の給仕をする同じく僧形の同朋《どうぼう》、茶坊主などと変わらない。その数は幕末でおよそ一八〇人くらいだった。

地方の各大名家でも事情は変わらない。世襲官医の家があって、漢学塾から医学書の解読に進み、それなりの知識・技能を身に着けていたといえるだろう。そうしたなかで、幕府医官が学んだ医学館で修業をしてきたといえば、かなりの格の高い医師になれた。

シーボルトの鳴滝塾

一九世紀になると、蘭方《らんぽう》という医師の新しい系譜が現れた。その起こりは文政六（一八二三）年、長崎オランダ商館に赴任してきたドイツ人医師シーボルト（一七九六〜一八六六年）が同地の学塾で診療や医学講義を行なってからである。

翌年には長崎奉行の許しを得て、郊外の鳴滝《なるたき》に学舎をつくった。受講生の宿舎や診療室、薬草園まで備えたこの塾にシーボルトは週一回の出張講義も行なった。有名な蘭方医、小関三栄《こせきさんえい》、高野長英《たかのちょうえい》、二宮敬作《にのみやけいさく》、伊東玄朴《げんぼく》、竹内玄同《げんどう》、戸塚静海《せいかい》などがこの弟子にあたる。これらが蘭方医の第一世代である。

全国で蘭学や蘭方医学が大きな驚きの目で迎えられた。西洋人医師に学ばなくても、オランダ語で書かれた医学書を解読し、人体の仕組みを知り、病因の解明ができ、適切な医療方法を身に着けていった人々が多かった。

大坂の適塾と佐倉順天堂

下総佐倉《しもうささくら》（現千葉県）に医学塾順天堂《じゅんてんどう》を開いた佐藤泰然（一八〇四〜一八七二年）は武蔵国稲毛《いなげ》（現神奈川県川崎市）に生まれた。父のあとを継いで旗本伊奈家に用人《ようにん》として仕え、三〇歳になってから蘭学を学ぼうとした。天保六（一八三五）年に長崎に出かけ、蘭方医学を三年間学んだ。江戸にもどって当時の姓から付けた和田塾を同門の林洞海《どうかい》（一八一三〜一八九五年）と協力して開いた。

その後、下総佐倉藩の「蘭癖《らんぺき》堀田」と江戸城中であだ名を付けられた幕府老中堀田正睦《ほったまさよし》に招かれた。和田塾を娘婿の林に与えてしまい、城下町佐倉で蘭方医学塾順天堂を開いた。

林洞海はのちに小倉藩医から幕府奥医師に登用され、法眼に叙せられる。維新後は静岡藩沼津病院副院長から新政府に出仕、大学中博士、大阪医学校長などを歴任した。なお松本良順の実弟で、のちに外務大臣になり日英同盟を結んだ林董《はやしただす》（一八五〇～一九一三年）はその養子である。

佐倉は現在ならば東京都心から車で一時間あまりで着く。いまは国立歴史博物館が城址に置かれ、穏やかな郊外都市の様子をみせている。江戸の当時は日本橋から一二里、およそ一日で出かける行程だった。佐藤泰然が江戸を離れた背景にはある事情があった。もちろん、不名誉な話ではない。幕府のお尋ね者、逃亡中の高野長英（一八〇四～一八五〇年）をかくまったことがあったせいである。これも蘭学者仲間の友情というべきか。

順天堂は城下町の本町通りにあった。どこの塾でも、塾生のうち最も学問ができる筆頭の弟子を塾頭といった。幕末には外科手術の天才といわれた山口舜海《しゅんかい》が塾頭だった。のちに泰然はこの山口に娘を添わせ、佐藤舜海となり、後日、尚中《たかなか》と名乗った。

この舜海はもともと佐倉の近く小見川藩医の息子で、文政一〇（一八二七）年に生まれた。一五歳で江戸に出て、医学を学ぼうとし、漢学師匠の勧めで順天堂に入門した。松本良順にとっては姉婿であり義兄にあたる。

万延元（一八六〇）年には舜海は義弟の松本が主宰する長崎医学伝習所でポンペに学んだ。

明治二（一八六九）年、新政府から請われて大学東校（のちの東京帝大医学部）の大博士になった。その後に辞職し、明治八年に湯島に順天堂医院を開設した。現在の順天堂大学病院はその跡地（文京区）にある。

順天堂の中での医学修業の様子は、有名な大坂の適塾とは少し違っている。大坂の緒方洪庵が開いた適々斎塾の様子は塾生だった福沢諭吉の自伝に詳しい。当時の塾生たちの猛烈なオランダ語の勉強ぶりと、社会の常識を破る無頼な生活が興味深い。適塾は語学教育を主として医学教育はむしろ従という特徴があった。緒方洪庵は医師であることを誇りにしていたし、塾生に医学書を読ませ、医師としての道徳を説いた。であったのに、医師や医学者以外の存在になった者も少なくない。慶応義塾の創設者福沢諭吉、福井藩士で政治家になった橋本左内《さない》、国民皆兵を主導した村田蔵六（大村益次郎）など、のちに多様な方面で活躍した卒業生を出している。

適塾はまるで語学大学のようだった。医学については、病理学概論と解剖学概論を極端に重んじたという。この二つを学べば、なんとなく人体を理解した気になれただろう。ほかは内科の臨床指導の本を読む。どうも医学の方面ではなく、蘭語の翻訳力を鍛えた塾のようである。また、洪庵は塾生に医療技術の実地指導をほとんどしなかったらしい。これでは経験による術力の向上は望めなかったことだろう。

これに対して、順天堂では塾生を二階級に分けていた。翻訳された医書を学ぶ訳書生と、オランダ語を学びながら原書を教材とする原書生だった。「原書をどれだけ読めるかではなく、治療に巧みになることを重んじた」と舜海が語るように、語学の達者よりも臨床医の養成を重視した。舜海は毎朝、外科の原書を講義したらしい。泰然も舜海も外科手術の手際のよさで名を高めていた。しかも、二人は本で読んだ知識だけでそれを行なっていたのである。系統的に組織的に編成された、つまり後世のような教育課程に基づいた学習を泰然も舜海も経験していなかった。本で身に着けた知識を応用して、大胆に、細心に手術を行なっていたのである。手術の助手には塾生を使い、代診もさせた。その代診の結果なども評価し、次の実践に生かせるようにしていた。

オランダ軍医ポンペの来日以前には、大坂の適塾と佐倉順天堂が東西の蘭学の双璧といえる。

長崎海軍伝習所

安政四（一八五七）年の秋、長崎にオランダ海軍の軍医が来ることになった。すでに前年には幕府が海軍士官養成のために長崎西役所に海軍伝習所を開き、一期生の学生が送られていた。

ペルス・ライケン以下の第一次教官団、のちにヴィレム・ホイセン・ファン・カッテンディーケ以下の第二次教官団が来日した。さらに練習艦として蒸気船「観光丸」をオランダは寄贈してくれた。排水量四〇〇トン、一五〇馬力の外輪船で砲五門を載せ、帆走もできる三本のマストを備えていた。

当面、教育の目標はオランダに発注した二隻の蒸気軍艦、「咸臨丸《かんりんまる》」と「朝陽丸《ちょうようまる》」の乗員を養成することとされた。第一期生は幕臣を中心に諸藩から学生三七人が入校した。これが安政二（一八五五）年のことである。

第一次教官団の団長はペルス・ライケン中佐で、のちにオランダの海軍大臣になる優秀な士官だった。第一期生の名簿をみると、幕末や明治の初めに活躍した人が多いことが分かる。幕臣では勝麟太郎《かつりんたろう》（のちの海舟《かいしゅう》）、矢田堀景蔵《やたぼりけいぞう》（幕府海軍総裁、維新後沼津兵学校校長、工部省などに出仕）、中島三郎助（軍艦「開陽」乗り組み、箱館千代ケ岱陣地で戦死）、小野友五郎（「咸臨丸」航海長、維新後民部省、工部省、鉄道寮などに出仕）などである。

諸藩からは佐賀藩の佐野常民《さのつねたみ》（兵部少丞、元老院議官、大蔵卿、農商務大臣などを歴任、日本赤十字社の初代社長）、津の藤堂家からは柳楢悦《やなぎならよし》（のち海軍少将、海軍水路局の創設に尽力）などやはり俊才が集められた。この学生たちへの教育はわずか一年あまりで終わった。幕府は一期生たちを江戸築地にあった講武所内の「御軍艦教授所」の教官要員と予定していた。

続いて第二次教官団がやってくる。その団長は『長崎海軍伝習所の日々』（東洋文庫）で名高いカッテンディーケ中佐だった。教官団の中にはポンペ・ファン・メールデルフォールトという軍医が参加していた。松本良順はその新進の医学に憧れ、志望して長崎伝習所付の医師となった。これを許したのは佐藤泰然の保護者だった老中堀田正睦《まさよし》である。

二期生の募集があり、幕臣からは伊沢謹吾《いざわきんご》（高級幕臣の子息、のち軍艦艦長）、榎本武揚《えのもとたけあき》（脱走海軍指導者として有名）、肥田浜五郎《ひだはまごろう》（のち海軍機技総監・少将）、松岡磐吉《ばんきち》（脱走海軍「蟠竜丸」艦長、降伏後収監中に病死）、伴鉄太郎《ばんてつたろう》（軍艦頭、維新後柳楢悦に協力し水路局創設に貢献）、岡田井蔵《いぞう》（機関科士官、維新後横須賀造船所に勤務）という顔ぶれだった。佐賀藩からも中牟田倉之助《なかむたくらのすけ》（海軍中将、第五代海軍軍令部長、箱館の海戦では乗艦が同期生松岡の放った射弾で撃沈された）がいた。

ポンペによる教育

安政四（一八五七）年一一月一二日、ポンペは初めての医学講義を行なった。学生は松本良順以下一四名である。最初の講話は医学の基礎には自然科学があるといった内容だった。講座科目は物理学、化学をはじめとして生理学総論と各論、人体組織学、系統解剖学などなどの医学の諸学科である。もちろん病理学総論、病理治療学、調剤学、繃帯学、内科学、外科学、眼

西南戦争時の石黒忠悳大阪病院長。江戸にあった幕府医学所に勤め、維新後陸軍に入った。

科学が網羅された。時間があれば法医学や医事法制、産科学まで教えようというものだった。学生たちは当初、呆然とし、続いて熱心に授業に取り組み始めた。物理や化学の講義には海軍士官コースの学生たちもやってきた。

続いて非公式に集められた諸藩の医師たちもやってくるようになった。オランダ人医師が直に医学を講義しているという噂は全国を駆け巡った。適塾の緒方洪庵は塾頭の長與《ながよ》専斎《せんさい》（一八三八〜一九〇二年）や次男の緒方惟準《これよし》（一八四三〜一九〇九年）を送り込んだ。長與は肥前大村藩（現長崎県）藩医の家に生まれ、ポンペ、後任者のボードウィンに学び、長崎医学校（のちの官立長崎医大）長、岩倉具視《いわくらともみ》の遣欧《けんおう》視察団に加わり、文部省医務局長、東京医学校長を歴任し、内務省衛生局長を長く務めた。東京帝大総長になった医学者長與又郎と作家長與善郎の父である。

緒方惟準は亡くなった洪庵のあとを受け幕府西洋医学所教授となり、オランダに三年間留学し、帰国後は京都朝廷の典薬寮《てんやくりょう》の医師となる。大坂の浪華仮病院院長となりオランダ軍医ボードウィンと運営にあたった。明治四年に陸軍軍医となり、明治一八年には師団改編前の近衛軍医長となった。そこで脚気予防のために麦食の推奨に力を尽くすが、同二〇年には退官し大阪で緒方病院を開いた。

のちの陸軍軍医総監石黒忠悳《いしぐろただのり》（一八四五～一九四一年）もポンペの教えを間接に受けた人である。福島県の伊達郡梁川《やながわ》で幕府代官手代《てだい》の子に生まれた。医学を志したのは元治元（一八六四）年、江戸下谷の塾で学び、翌年江戸医学所に入学した。江戸に帰って医学所長になった松本良順を訪ねてその講義録を写したのはこの時代だった。

長崎奉行所は病院の建設も行なった。附属病院や実験施設や、解剖実習ができる施設が医学教育には必要だった。そこでポンペによる町民の自由来院も受け付けたのだ。これは身分制のあった当時としてはたいへん革新的な出来事である。

将軍家定の脚気

このころ、第一三代将軍家定は深刻な病の中にあった。病名は脚気である。漢方医の奥御医師筆頭は「将軍に水を飲ますな」と周囲に命じた。脚気は湿病、もしくは水毒を生じるなどと漢方の医学書には書いてあるから水はいけないということなのだろう。「湿気にあたって起こる病気だ」というのだから、梅雨時から蒸し暑い盛夏に多発するのも説明がついた。

脚気症状が夏に出るのは、汗をかくことが多かったからだ。水溶性のビタミンB1は汗や尿に溶けて排出されてしまうことが多い。町医師の中には「江戸煩い」を治すには故郷へ帰れと指導する者もいた。関東は水と土が悪いから脚気になるという。箱根より西には脚気があまりみられないというのも当時知られていた常識だった。

その実態は白米食と玄米食、もしくは精白米と粗精米の分布の違いなのだが、当時、それに気がつく者はもちろんいなかった。故郷へ帰れば白米食ではなくなり、自然に治る者もいた。そのことはよく知られていたが江戸の環境のせいにしてしまった結果である。

西国でもやはり精白米を常食とする京都では「三日坊主」とも呼ばれていた。三日間で葬式を出すという意味らしい。脚気衝心（心臓麻痺）は恐ろしい病気だった。

安政五（一八五八）年五月になると将軍家定の衰弱は激しいものになった。治療については蘭法医たちも無力だった。オランダ、ヨーロッパには脚気は存在せず、その治療法は蘭学書にも載っていなかったのだ。

松本良順、江戸に帰る

安政七（一八六〇）年三月「桜田門外の変」で大老井伊直弼が暗殺された。これまでも海軍伝習所付医官だった松本良順にも江戸に帰れという命令がしばしばきたが、それを無視できたのは、井伊大老の黙認である。松本は井伊のことを「一生の恩人である」と生涯語っていたという。

　このころ、さらに二人の高名な医師が長崎にやってきた。良順の義兄佐藤舜海と関寛斎《せきかんさい》である。関は佐倉順天堂で学び、林洞海の教えも受けた。のちに阿波蜂須賀家（徳島藩）の藩医となり、戊辰戦争では新政府軍奥羽出張病院頭取となった。そこでの軍陣医学上の功績は大きく、薩摩兵の隊付医師だった高木などはその手腕に大きな尊敬の念を持ったことは前述した。

　病院も建設された。そこではポンペ、松本、佐藤、関といった当時の最先端の医師たちが懸命に患者の治療にあたった。そのポンペの帰国が具体的になったのは文久二（一八六二）年の夏の終わりごろだった。オランダ政府はポンペの後任にボードウィン陸軍軍医（一八二二〜一八八五年）を送ることにした。彼はユトレヒト大学、ブローニンヘン大学で学び、陸軍軍医学校教授でもあった。わが国に本格的な眼科を移入し、多くの白内障患者の手術に成功した。

　ポンペの帰国にともなって、幕府は留学生をオランダに送ることにした。もちろん目的は海軍技術の習得で、のちに幕府海軍の中心になる人物たちだった。榎本武揚、赤松則良《のりよし》、沢鑑之丞《さわかんのじょう》ら航海術、運用術、砲術、造船学を学ぶ七名の士官たちと准士官、下士官にあたる水夫頭、鋳物師、時計師、船大工、宮大工、鍛冶師というメンバーだった。

　ほかに法律を学ぶ目的の西周《にしあまね》（西洋哲学者、一八二九〜一八九七年）、津田眞道《つだまみち》（啓蒙思想家・官僚、一八二九〜一九〇三年）という二人の士分もいた。赤松則良も関係者以外にしかあまり知られていないのでふれておく。赤松は天保一二（一八四一）年、幕府御家人の家に次男として生まれ、姫路市の商家である父方の祖父の家を継いだ。実父は下田奉行所与力として外国人と応接し、蘭学を学ぶことを赤松に勧めた。長崎海軍伝習所の三期生として学ぶ。万延元（一八六〇）年には「咸臨丸」で米国に渡る。前述のようにオランダへ留学し、明治元（一八六八）年まで造船学を学んだ。維新後は海軍に奉職、要職を歴任し、佐世保鎮守府初代長官も務めた（中将・一九二〇年没）。

この赤松は留学生時代の親友西周の従弟の子である森林太郎《もりりんたろう》（鴎外《おうがい》）の最初の岳父《がくふ》となった。長女登志子を陸軍軍医だった森に嫁がせたのだ。もっとも、この結婚はすぐに失敗に終わった。森の方から離婚を申し出た。森が陸軍軍医になるように勧めたのは西であり、親友の赤松の娘との縁をつないだのも西である。さらに赤松は榎本武揚の義弟にあたる。榎本の妻は赤松の妻の姉であり、鴎外の妻登志子にとっては榎本の妻は伯母ということになる。

長崎に集った人々のその後

ポンペは帰国にあたって本国に医学留学生を連れて行ってもよいと申し出てくれた。問題はその人選である。当時、伝習所の成績優秀者は佐藤、関、長與、薩摩の八木弥平、越前松平家

（福井藩）の橋本綱常《つなつね》だったが、いずれも幕臣ではない。しかも年齢が高い者が多い。若者は橋本綱常（一八四五〜一九〇九年）くらいだが、綱常は高名な志士橋本左内の末弟である。のちに戊辰戦争にも従軍、外科手術に近代消毒法を採り入れた。維新後は陸軍省に出仕、明治五年、ヨーロッパに留学し明治一〇年に帰国、軍医監（大佐相当）になる。明治一八年には軍医総監（少将相当）となった。翌年、日本赤十字社病院の開設にともなって院長になる。維新後の陸軍軍医総監松本良順のよき後継者だった。

結局、幕臣の子弟からということで、奥医師伊東玄朴の子、方成《ほうせい》と林洞海の子研海《けんかい》が選ばれた。伊東方成（玄伯ともいう一八三二〜一八九八年）はのちに宮内省の典薬寮医師や侍医を務め、宮中顧問官となった。オランダには二回留学し、眼科学に貢献した。日本文字による視力検査表を完成させた。

幕府留学生としてオランダに留学した林研海（のちに紀に改名）。松本順の後に２代目の陸軍軍医総監となった。

林研海（改名後は紀、一八四四〜一八八二年）は帰国後、徳川家に従い駿府（現静岡市）に移り、静岡藩病院長となる。明治四年、陸軍に出仕、第二代の陸軍軍医総監となって松本良順のあとを継いだ。惜しくも出張中にパリで亡くなった。

このころ、伝習所は「精得館」の名で知られるようになっていた。幕府の命令が松本に対して「ポンペに学べ」ということになっている以上、ポンペの離任、帰国が決まったら松本も長崎を去ることになる。困ったのは校長にあたる管理者選びである。

そこで奥医師戸塚静海《せいかい》の子、戸塚文海《ぶんかい》が選ばれた。文海は維新後、初代海軍医務局長になり海軍軍医総監になった。またその子である戸塚環海《かんかい》もイギリス医学を学び海軍軍医となる。

万延元（一八六〇）年、江戸の種痘所が幕府に移管された。翌年には「西洋医学所」といわれるようになった。のちの東京大学医学部の前身である。場所は下谷和泉橋（現台東区）にあった。頭取は奥医師である。大坂の緒方洪庵が無理やりに招かれその職に就かされた。佐藤舜海も関寛斎もそれぞれの故郷に帰った。順天堂では舜海が帰ってきたことでますます教育は充実した。ポンペの講義録も筆写されていった。

松本良順と西洋医学所

松本良順は西洋医学所頭取となる。もっとも辞令では「助」がついて心得というものだった。というのも教授たちはみな奥御医師であり、良順の実父や義兄の林洞海もいたからである。学生は建前上幕臣だが、それ以外に諸藩から希望者を集めた。講義内容の重点は不思議なことに蘭学書の解読だった。これは伊東玄朴ら古い世代の人や、その後に続く緒方洪庵などの世代の影響だろう。とにかくオランダ語の文法を学び、蘭書の読解ができるようにする。あとは好みに任せて内科や外科の本、製薬するための化学書などを読み込んでいく。

良順はこれを改革しようとした。基礎学として物理と化学、さらには数学も学ばせようとした。ポンペのいう諸科学の上に医学はあるからだ。専門科目は内科、外科、解剖、生理、病理、薬剤、療病の七科目にした。ところがこれに学生たちは猛反発する。

彼らの多くは兵学書や機械関係の技術書を読みたがった。どこの大名家でもオランダの軍事学や兵学書の翻訳者が足りなかったのだ。蘭方医師を雇っても兵学書や技術書の翻訳はできなかった。

学生たちは時代の要求に煽られていた。「医学書以外の本を読むな」という松本の命令に猛反発した。授業を拒否し、自由に本が読めないのなら退学するというのだ。この代表の学生は足立寛《あだちかん》と田代基徳《たしろもとのり》らであった。足立も田代も慶応義塾から医学所に移ってきた若者である。のちにそろって陸軍軍医になり、足立は軍医総監まで登りつめる。田代基徳もこれまた陸軍軍医監になる。激しく反発した学生たちが皆、維新後には良順の下に集まってきた。これは松本良順という医師、教育者の人格によるものだろう。

良順、幕府海陸軍軍医総長になる

元治元（一八六四）年一月、突然良順は京への出張を命じられた。将軍後見職《こうけんしょく》の一橋慶喜《ひとつばしよしのぶ》の治療のためである。慶喜の臨時の侍医として良順は一か月にわたって京に滞在した。江戸に帰ると良順は幕府海陸軍の人事に組み込まれた。

文久二（一八六二）年、幕府はオランダ式軍制を採用した。兵種は歩兵・騎兵・砲兵の三つである。その編制の中に医官も入れるべし、ならば松本がよかろうという人事が行なわれた。奥御医師と医学所頭取も兼ねたまま、歩兵奉行並、海陸軍軍医総長という辞令が出た。歩兵奉行とは西洋軍制でいう少将にあたり、その並は少将と同じ処遇を受けた。

慶応元（一八六五）年、将軍家茂が第二次長州征伐を企図して江戸を発った。その出征に良順も従った。長州征伐はさんざんな結果に終わった。家茂も亡くなったことは前述のとおりだ。良順は慶応三（一八六七）年二月に江戸の医学所にもどった。良順が不在の間にも学校は機能していた。語学教育も充実し、漢学塾以来の伝統である句読師《くとうし》という助手がいた。初歩の学生の語学教官である。その中の一人にのちの陸軍軍医総監石黒忠悳《ただのり》がいた。

正月の鳥羽伏見の戦いで幕府軍は大敗する。

良順の脱走

官軍がやってくる。すべての幕府の財産は新政府に押収される。医学所も例外ではない。良順はその始末を終えたら自分は今戸の病院に去ることにした。職員の中で同行を許されたのは渡辺洪基《ひろもと》（のちに外交官）と太田雄寧《たけやす》（のちに愛媛県立医学校長、『東京医事新誌』を創刊）という二人だけだった。石黒はのちに「年来、勤王論を唱えていたので、上方派と思われていたのか、自分は連れて行ってもらえなかった」と述懐している。良順の医書以外読むなという方針に以前は反対した田代基徳は幕府海軍軍医を務めていたが、医学所の新政府軍への引き渡しの責任者を命じられた。

慶応四（一八六八）年四月一一日、江戸城の引き渡しが終わり、慶喜は水戸へ向かった。良順もまた会津若松に向かおうとした。会津に同行した一人に渡辺洪基がいた。渡辺はのちに（東京）帝国大学総長になった。越前武生《たけふ》（現福井県）の町医の息子だったが、藩が士分にして佐倉順天堂に送った。江戸に出て英語を学び慶応義塾に入る。そこから医学所の句読師並となり。維新後は大学少助教を振り出しに地学協会や東京統計会、国家学会などを創設して帝大総長になった。

立ち寄った順天堂では会津藩医の南部精一郎の出迎えを受けた。義兄舜海の養子である佐藤進（一八四五〜一九二一年）ともここで初めて会った。進はのちにベルリン大学に留学し、アジア人初の医学士の称号を得た。順天堂医院の経営に熱心だったが西南戦争を皮切りに、日清・日露の両戦役にも軍医監に任じられ腕をふるった。日清戦争の講和会議での中国全権李鴻章《りこうしょう》が、テロによって負ったけがを治療したことで有名にもなった。

会津藩では良順一行を大歓迎した。良順たちは藩校を改装した病院で負傷者や病者を診た。八月二一日、いよいよ会津は籠城戦を行なうことになった。このとき、藩主松平容保《かたもり》は藩外の医師たちに巻き添えを避けて退去するように要請した。良順たちはその勧めに素直に従い、米沢、庄内を経て仙台に行き、一〇月末に武器商人スネルの船で横浜に向かった。横浜ではスネルの家に潜伏したが、佐藤泰然に会うと自首を勧められた。

良順は加賀前田家に預けられた。いまの東京大学になっている本郷の屋敷である。

英国医学かドイツ医学か

オランダ軍医ボードウィンの怒り

このころ、薩摩藩医だった石神良策は東京大病院となっていた医学所に副所長のような立場で勤務していた。ウィリスはまだ戦場である越後（現新潟県）からもどらず、横浜英国公使館付の医師シッドールが加療の中心に立っていた。ウィリスが専任医師となるのは翌明治二年のことである。

正月のこと、大病院頭取緒方惟準が病気になった母の看病を理由に辞表を出し、石神良策が後任の取締になった。新政府は医学の充実を図るために二月に東京大病院を医学校兼病院と改称し、石神が引き続き取締を務め、ウィリスはすべての医療を任された。それほどに薩摩人たちはウィリスを尊敬し、感謝していたのである。

ところが新政府はもうひとつ外国関係の難問を抱えていた。それはオランダ陸軍軍医ボードウィンと幕府が結んだ契約の履行である。幕府は江戸に軍病院を設立しようと計画した。そのためにボードウィンは必要な医療器具や薬品、医学書などをはじめとして病院設計図までも準備するために帰国した。このとき留学生として同行したのが緒方惟準だった。ところが日本に帰ってきてみると幕府は滅び、送った荷物はことごとく新政府に没収され、ボードウィンも無視されることになった。いったん上海に去ったボードウィンはこのころ大坂の緒方の下に身を寄せていた。

新政府はボードウィンとの関係を修復するために二人の医師を使者にした。医学校取調御用掛というのが彼らの肩書だった。佐賀藩医相良《さがら》友安《ともやす》（一八三五～一九〇五年）と福井藩医岩佐《いわさ》純《じゅん》（一八三五～一九一二年）である。二人はそろってボードウィンの教えを受けた医師で、政府は彼の不満をやわらげようとした。条件は大坂で医学校と仮病院をつくるのでそこで働いてほしいというものだった。もちろん頭取は緒方惟準であるということも伝え、ようやくボードウィンの怒りも収まった。

フルベッキのドイツ支持

新政府はこのころ学制を整えようとしていた。湯島にあった幕府の官学「昌平黌《しょうへいこう》」を昌平学校とし、医学所を医学校に、開成所を開成学校と改めていた。五月には昌平学校を大学校とし、これに医学校兼病院と開成学校を附属させる。医師である相良と岩佐が担当したのは医学校と病院である。二人は大学少丞になり、相良が医学校、岩佐が病院を受け持つこととなった。

英国人ウィリスはよく働いてくれた。患者も多く、その中には新政府の要人も多かった。戊辰戦争で戦場を駆け回り、多くの命を救ったウィリスこそ日本医学の最高指導者にするべきだという声が大きかった。政府はやがて総合医科大学を創設して、それに病院を附属させる構想を立てていた。そのトップにはウィリスがふさわしいと誰もが思っていた。

ところが、相良がその構想に反対意見を出した。相良は天保六（一八三五）年に肥前藩医の子として生まれた。藩校弘道館から蘭学校に移り、二三歳の時は佐賀藩医学校に入学、優れた成績を収めた。文久元（一八六一）年に佐倉順天堂に入門した。相良はここで熱心に学び、同門には岩佐純もいた。相良はさらに舜海の紹介状を手に長崎に行き、ボードウィンに教えを受けた。

相良は西洋医学とはオランダ医学一辺倒だった時代から医学を学んでいた。しかし、すでにそれがドイツ医学の系統にあることに気づいていた。前野良沢や杉田玄白といった蘭方医が翻訳した『解体新書』も、原本はドイツ人クルムスの著書であり、その他医学書の多くがドイツ医学の本のオランダ語訳だったのだ。日本人が身に着けてきたオランダ語はドイツ語と似ており、そうした伝統を重んじればイギリス医学よりドイツ医学を選んだ方が常識に適っているのではないか。順天堂での師だった佐藤舜海もドイツ医学に強い関心を寄せていた。師の後継者、佐藤進もドイツに留学している。

さらに相良に自分の結論に自信を持たせたのは、開成学校の教頭フルベッキだった。フルベッキの国籍はオランダだが、父親はドイツ人という工業技師である。安政六（一八五九）年に来日し、長崎で外国語や法律を教えた。その教え子には佐賀藩の副島種臣《そえじまたねおみ》や大隈重信《おおくましげのぶ》がいた。政府は彼の高い見識や公平な態度に感銘を受けた。東京に招いて開成学校教頭のポストを用意しただけではなく、教育、法律、技術、資源、国防などについても意見を求めていた。

「欧米諸国の中で最も医学が進んでいるのはどこか」という相良の問いに対して、フルベッキは即座にドイツだと答えたという。臨床だけではなく、基礎医学でもドイツは世界最高峰にあるという意見も付け加えてくれた。

薩摩藩とウィリス

ドイツ医学を採用

大学少丞相良知安と岩佐純の強い働きかけで、日本の医学はドイツ式を採用することになった。もともと漢方医学を廃止して、西洋医学に学ぶことは決まっていたが、英・米・仏・独・蘭と当時の先進国のうち、どこの医学を選ぶかということには議論の余地があった。維新当初の最有力候補は英国式である。戊辰戦争での英国公使館付き医師のウィリアム・ウィリス（一八三七〜一八九四年）の活躍が大きかったからだ。

横浜の軍陣病院でも英国人医師シッドールとともに活躍し、薩摩藩に請われて上越高田、柏崎、新潟、下越新発田《かえつしばた》、会津若松にも従軍した。銃創の手当、四肢の切断にともなう壊疽による死を防ぐなど、当時の読書だけによる蘭方医、従来の漢方医らと比べて卓絶した技量を発揮した。しかも特別な謝礼を拒み、医師として当然のことをするまでという態度は多くの新政府軍将兵に感銘を与えた。

ウィリスの七月二一日付けの医療活動の報告書には、軍陣病院に収容した一七五人のうち、薩摩藩兵は一二〇人にもなっている。上野彰義隊の討伐の主役になったのが薩摩兵だったことが垣間見える数字である。桐野利秋《きりのとしあき》（中村半次郎）や野津道貫《のづみちつら》（のち元帥）も患者になったといわれている。

このときの助手として石神良策、河村豊洲《ほうしゅう》（一八四九〜一九三三年）、上村泉三《かみむらせんぞう》（生没年不詳）、山下弘平（一八二一〜一八七五年）といった薩摩軍従軍医師たちがいた。彼らすべてがのちに鹿児島医学校の構成メンバーとして活躍することになる。河村は海軍軍医となり、日清戦争では聯合艦隊軍医長として旗艦「松島」に乗り組み負傷する。のち軍医総監にもなり、若くして後進に道を譲るとして退役した有能な軍医だった。

ウィリスの貢献や、その無私の人柄に打たれ、恩義を感じた薩摩系の高官たちは「日本医師総教師」という称号を与えることにした。新しく開かれる西洋医学校の校長に任命しようともしたのである。

このことは英国公使パークスを喜ばせ、親しい英国との関係をより深くするのに寄与すると政府の人々にも思われた。また、文部行政部門のトップである土佐藩主山内容堂は自身の病気がウィリスによって快癒《かいゆ》されたために、彼にひとかたならぬ恩義を感じていた。新政府の上層部は、新しい西洋医学の師匠にウィリスを採用することを詳しく検討することもなしにほとんど既決事項としていたのだ。

ところがそれを相良と岩佐は執拗にドイツ医学の先進性を語り、決定をひっくり返してしまった。さらに新しく大学別当（長官）となった松平春嶽《しゅんがく》（前福井藩主）に働きかけて、ドイツから優秀な外科医と内科医を招くようにした。また、大学校の大博士《だいはかせ》に順天堂の佐藤舜海を就任させた。いまでいう医学部長である。

英国医師ウィリス、鹿児島へ

このドイツ医学採用で問題があったとすれば外交上の難点だけだった。

薩摩系要人の一人である大久保利通《としみち》はたいへん悩んだ。ウィリスをどう処遇すべきか、その解決策を薩摩人たちは考えた。医学校取締の役についていた石神良策は鹿児島にウィリスを招くことを大久保に提案した。そのころ各県に生まれつつあった医学校では優秀な教師が不足していた。当時の医師のうち洋方医は一〇人に一人、新しい翻訳書で学ぼうにも語学力の不足があり、実技を学ぶこともできなかった。

医師免許というものがなかったのは従来と変わらない。当時は、この各県立の医学校で学べば、いまでいう地方国立大学医学部卒と同じような権威と待遇を手にすることができた。しかし、それにしても優秀なお雇い外国人医師は少なかった。ウィリスを県立医学校教師とすることは鹿児島県が大きく他県の水準を引き離すことが保障されたといっていい。

ウィリスにとっては晴天《せいてん》の霹靂《へきれき》だった。まったく予想もしていなかった運命の変化だったことだろう。それでも石神の説得を受け入れ、月額八五〇メキシコドルといった高給を提示されると、九〇〇ドルを希望し、契約年限を二年から四年とすることを条件に鹿児島移住を受け入れた。

パークス公使はそれを聞いてひどく驚いたが、ウィリスの決意が固いことを知って引き留めることはなかった。ウィリスはこのころ、医官兼ねて副領事になっていたが、その俸給よりはるかに高額な報酬を知らされたからである。当時、一ドルは一円と換算され、政府の参議伊藤博文でさえ月給五〇〇円（五〇〇ドル）だった。

当時は各国から「お雇い外国人」を高給で招いていた。ウィリスの運命を変えたフルベッキも月給は五〇〇円であり、日本人官吏は勅任官（陸海軍将官級）で月給八〇〇円から三〇〇円、以下四等から七等が奏任官で同じく二五〇円から一〇〇円までだった。フルベッキらが中央政府の雇いに対して、ウィリスは県の契約になる。いわば直臣から陪臣へ格下げになることを考慮し高給を申し出たのかもしれない。同時に、以前に受け取りを固辞した戊辰戦争傷病者への献身的治療への謝礼の意味もあったに違いない。

ウィリスが主宰していた医学校兼病院は大学東校となった。大学本部が昌平坂（現文京区湯島）におかれた昌平学校が前身であることから、地理的な関係で東校といわれるようになった。明治二年五月に昌平学校は大学校と改称した。

この大学校とは後世の大学とはまるで違っていた。当時の大学校は全国の府県藩の学制を総括する教育行政官庁と一体化したものだった。新しく東校の主宰者に任じられたのは順天堂の佐藤舜海である。

舜海は会津藩主松平容保と親しかった。それに義弟の松本良順が会津藩に協力した。そのため良順は囚われの身になっている。そこで義兄にあたる舜海は新政府とは距離をおいていたのだが、良順が釈放され、この年八月に蝦夷地病院頭取に任じられた。そこで東校の主宰も引き受けることにしたのだった。大博士とはいまでいう医科大学長といっていい。このとき、舜海は名前も養子に譲り、自分は尚中と名前を改めた。

一二月一二日、ウィリスは石神と一緒に横浜港を鹿児島に向けて去って行った。

鹿児島医学校

明治三年、鹿児島の開成学校で学んでいた高木兼寛は外国人医師が鹿児島に来るらしいという噂を聞いた。彼が二二歳になった時である。しかも、その案内者は石神だという。高木はさっそく石神を訪れた。ウィリスの指導を受けたいという希望は石神に快く受け入れられた。

鹿児島医学校兼病院は市内の南洲神社、浄光明寺跡に置かれた。ウィリスはそこでイギリス医学に基づいた患者中心の臨床と地域医療の実践を学生たちに教育するようになった。なおこのとき医学校も小川町にあった都城藩屋敷跡に移転した。

医学校の教育課程は本科と別科に分かれた。本科は英語を正科として、原書で世界地理、解剖学、生理学を読み、授業も英語だけで行なわれる。別科は英語の初歩から学び始め、実習と薬品の調剤方法を教えることになっていた。学生は石神が面接試験をし、学力別に振り分けた。

高木はもちろん、三田村一（生没年不詳・和歌山県出身）、加賀美光賢《かがみみつかた》（一八四五〜一九〇七年）らといっしょに本科生になった。のちに加賀美も三田村も高木と同じく海軍軍医総監となった

ウィリスの流暢すぎる発音は学生たちには理解がむずかしかった。それまで高木たちを教えてきた開成所の蘭学者たちの発音はまるで原語とは違っていたのだった。高木は語学に対しても熱心だった。とにかくウィリスの発音の真似をする。分からないところはとことん聞きただす。そうして語学力は急速に上達していった。

ウィリスは実践家だった。当時の英国の医学教育では、学生は教室で学ぶだけではなく、附属病院で診察や治療を見学し、ときには助手も務めた。ウィリスは熱心な医師であり、教師だった。高木をはじめ学生たちの優秀さや熱心さは彼を大いに満足させた。

このころのウィリスの事績を見ると、当時の世間の実態の一部が分かって興味深い。

維新のころ来日した外国人医師がみな驚いたことは、当時の日本社会の衛生環境の悪さと病気の多さである。まず眼病。とくに地方に行くと、屋内で薪を焚くので煙によって眼が炎症を起こしてしまう。目ヤニをためている人が多かった。慢性結膜炎の患者が多かったのである。ウィリスは白内障の手術も行ない、三人中二人の視力を回復させたという。

次に性病患者が目立った。これには風俗の問題があった。売春である。当時の鹿児島でウィリスが診た患者の中で最多だったのは性病だった。戊辰戦争で全国各地を転戦した薩摩軍将兵は各地で娼婦と交渉を持った。帰還した兵隊たちのせいで鹿児島県下は性病がひどく流行していた。

そして何より漢方医学の人間の自然治癒力への過剰な信頼こそが問題だった。いまでこそ私たちは科学的に検証された漢方薬を利用することもあるが、基本になるのは西洋の学問に基づく近代医学である。ウィリスも記録に残している。「(日本人は) 病気療養中の患者の身体を湯水で清めることを忌避する」という。これは漢方医学の基本方針であり、戊辰戦争中も負傷部位を焼酎で洗うくらいで膏薬を塗り、傷口をとにかく縫ってしまう。その後はひたすら消毒もせずに自然治癒力に任せる。もちろん、患者に風呂など入らせはしない。これでは多くが傷口を化膿させ、あるいは壊死させてしまうことは当然である。

海陸軍軍医の発足

軍医という名称

明治四年は廃藩置県が行なわれたことで有名である。薩摩・長州・土佐の三藩はまず自分の藩を廃止した。そしてその兵力を政府に差し出し、これを御親兵《ごしんぺい》といった。政府直属の一万人の近代装備の軍隊で反抗する各藩に睨《にら》みを利かせようというわけである。薩摩国鹿児島藩も一一月には都城《みやこのじょう》、美々津《みみつ》そして鹿児島の三県となることになった。高木兼寛はそのような大きな変革の中でもウィリスの助手として業務に励み、別科の学生への教育にも取り組んでいた。

このころには兵部大輔山縣有朋《ひょうぶたいふやまがたありとも》は兵部省に海陸軍軍医寮（当時は陸海軍ではなく、海陸軍の順だった）の設置を献策し、民間に下った松本良順が早稲田に開いた「蘭疇医院《らんちゅういいん》」を借り上げて仮軍病院とした。軍医という名称が正式に生まれたのもこのときである。

軍医頭《ぐんいのかみ》には松本良順、次官は石川桜所《おうしょ》（玄貞、一八二五〜一八八二年・元幕府奥医師）、一等軍医正緒方惟準（緒方洪庵の嗣子《しし》）、同石黒忠悳（幕府医学所出身）、そして田代基徳、橋本綱常、足立寛といったオランダ医学、ひいてはドイツ医学の系譜につながる順天堂閥、あるいは幕府医学所の同窓生が集まった感がある。

これに対して、海軍軍医は石神良策を中心にした人脈も少ないグループにしかすぎなかった。石神はポンペの薫陶《くんとう》を受けたわけでもなく、佐倉順天堂に学んだこともない。彼の独学でやってきた英国風医学は東京では孤高といってもいいものだった。

明治五年一月には、全国の医学校が文部省の管轄となった。三月には高木は東京にいる石神から長い手紙を受け取った。政府の招きにより兵部省に出仕した石神（兵部省七等・少佐相当官）は海軍掛軍医寮の事務を統括していたが、二月二七日に兵部省が廃止され、海軍省、陸軍省が設置された。それにともない、軍医寮も海軍病院に所属することとなり、医務担当責任者となっていたのである。

石神からの手紙は、高木を海軍病院の医員として推挙したので上京せよという内容だった。高木は悩んだが、いつか外国留学もできるだろうという石神の誘いを受け入れることにした。

このころの海軍軍医は文官だった。軍医、会計、秘書、機関の各士官は「乗組文官」と呼ばれていた。英国流の制度である。秘書は会計と統合され、のちに主計科士官となって艦長直属の立場で庶務を行なった。本国から遠く離れた外地では対外文書を扱ったり、現地の官憲と交渉したりという役割も担っていた。機関官が当初は文官というのも、時代を表している。のちに機関科士官となってからも将校になるには長い時間が必要だった。

高木が石神にともなわれて出頭した海軍省は築地（現中央区）にあった。七万七千坪（約二五万四〇〇〇平方メートル）にもなる広大な敷地には海軍提督府、海軍用所、海軍裁判所などが建てられていた。そのなかでも目立った西洋建築があり、それは海軍兵学寮（一八七六年、海軍兵学校に改称）であり、その一部に海軍省があった。

高木はただちに海軍九等出仕の中軍医（中尉相当）に任ぜられた。芝高輪西台町（現港区）にあった海軍病院勤務を命じられ、戸塚文海《ぶんかい》大医監（海軍五等出仕・大佐相当）の下で働くことになった。戸塚は元幕府奥医師であり、長崎で松本良順の次に伝習所の監督を務めた蘭方医だった。このときには勝安房《かつあわ》（海舟）海軍卿の斡旋で海軍軍医となっていた。ただ、松本良順は勝海舟のことも、戸塚のことも終生嫌っていたという。海軍に戸塚が入った理由のひとつにはそういう裏事情もあったと思われる。

すでにこのころ、大学東校ではドイツ陸海軍のそれぞれの軍医がドイツ医学を教えていた。前年八月からのことである。ミュルレル陸軍軍医少佐は外科を、ホフマン海軍軍医少尉は内科を受け持っていた。学校の制度をドイツ風にし、予科、本科に区分され着々と医学教育に取り組んでいた。

海軍軍医となった高木の毎日は充実していた。原書でウィリスから医学理論を学び、助手を務めて実技も身に着けてきた彼は誰よりも有能だった。最新式の医療器具や、新着の医学書も自由に扱うことができた。毎日午前中は入院患者を診察して回り、看護卒に指示を与えた。午後は新しく病院に送られてくる患者を診察した。その患者の中で、最も多数を占めるのは「脚気」の病状を示す者だった。入院患者のおよそ七〇パーセントにものぼっていた。

陸・海軍軍医学校

陸海軍の建設、そこでは大急ぎで大量の軍医を必要とした。

政府は「国民皆兵」を目指しての徴兵制度を採用する。士族だけの特権だった武装を平民にも許し、健康な者なら誰もが軍人となれる。しかし、徴兵検査では健康診断にあたる軍医がいなければならない。また、兵員を多数収容する兵営や海兵団には彼らの健康を管理する医師が必要だ。

艦船には乗り組みの医官、陸軍部隊には相当な数の隊附軍医を配置する必要がある。それを確保しなくてはならなかった。しかし、西洋式軍隊の制度は容易に理解されず、兵部省の切実な願いもなかなか太政官《だいじょうかん》には認められなかった。

山縣有朋は欧州視察から帰国した明治四年一月に軍医寮の設置を太政官に建議した。

「兵卒の入寮若しくは入隊に際し、軍医寮において身体の強弱病症の有無とくと検閲するは兵事の根本なり」

さらに詳しくヨーロッパ諸国の軍隊医療制度を語り、大病院と軍医寮が必要であることを説いている。ここでいう軍医寮とは、軍医の補任、補職、教育、勤務評定などを担任する官衙《かんが》のことである。

徴兵による新国軍の建設を推進しようとした大村益次郎《ますじろう》（一八二四〜一八六九年）は大坂の緒方洪庵がつくった医学塾適塾の卒業生である。彼は塾生だったころ、オランダ医学を学びながら、オランダ軍や欧州陸軍の兵制にも詳しくなっていった。各国の軍医の制度や、軍隊の衛生組織についても当然知識は豊富だった。その忠実な後継者は山縣有朋である。その建議はようやく明治四年七月に認められた。

兵部省に軍医寮が設置されることになった。まだ一般世間でも学制や医師の資格取得法などの制度も整っていなかった時代である。官医の補任、補職の所管すらまだ決まっていないのだから大変なことになった。

陸軍が最初に建てた病院は大阪にあった。場所は大坂城玉造口《たまつくりぐち》である。設計者はオランダ軍医ボードウィンだった。明治二年末から工事が始まり、翌年二月に竣工した。大阪では初めての洋館であり、最初の軍医学校はここに置かれた。もともと大村の構想では、大阪がわが国の中央に位置し、海陸ともに四方に通じる軍事上枢要な地である。そこで海陸の練兵所、士官養成の兵学寮、陸軍屯所、軍医院、銃砲火薬製造所などを置くべしというものだった。

このころの学生は「職員録」に載っている者としては、緒方惟準、堀内利国《ほりうちとしくに》、中定勝《なかさだかつ》、大鈴弘毅、橋本綱常などののちの高名な医官たちが挙げられる。教育内容は軍陣医学、軍陣繃帯学、軍陣外科学、赤十字規則、選兵論などである。また、興味深いのはアメリカ南北戦争（一八六一～一八六五年）においての野外兵舎（バラック）の建設法があることだ。戊辰戦争で明らかになったわが国のあまりにひどい軍隊医療水準を少しでも欧米列国に追いつくようにしようという意気込みが感じられる。

最初の徴兵

「選兵論」は徴兵検査の合否を分けるスタンダードである。すでに緒方惟準が明治二年に大阪にあった出張兵部省から、徴兵についての各種規則を欧米列国の制度から学ぶように命じられ、ボードウィンの指導を受け「選兵規則」をまとめていた。また、オランダのそれを翻訳し「選兵必携」として徴兵の担当部署や医官たちに配布していた。

それは一般に知られている兵役制度の始まりより早い時期に、徴兵システムがすでに企画されたからである。

現在の教科書では、徴兵対象者が入営したのは明治五年のことであり、前年の一一月二八日（太陽暦一二月二八日）に発布された徴兵詔書と、翌年一月に出された徴兵令によるとされている。ところが、この徴兵令の布告以前、明治三年一一月一三日（太陽暦四年一月三日）に

「徴兵」という用語が使われて、一部の農民・平民が「徴兵規則」によって入営した事実があった。

廃藩置県以前の当時、全国は中央政府が直轄する府県と、元の大名が藩知事を務める各藩が混在していた。そのときに政府は石高一万石ごとに五人の二〇歳から三〇歳までの兵卒志願者を差し出すように命じている。「身体強幹筋骨壮健、長ケ《たけ》五尺以上ニシテ兵役ニ堪ユベキ者ヲ撰挙スベキ事」というのがその規則の第一条である。

全国の表高を三〇〇〇万石とすれば、およそ一万五〇〇〇人の「徴兵」がそろう計算になる。差し出される者は士族・卒族・平民を問わなかった。すでに「四民平等」の考え方は、この徴兵施策に現れている。また、徴兵対象者を採用するかどうかについても選兵論は必要なものだった。

各藩が常備していた藩軍はこのころふつうに存在していた。この出身者から常備軍（鎮台）に移った者を「壮兵《そうへい》」とのちに呼ぶようになった。しかし、この「徴兵」は畿内五か国に実施されたものの、うまくいかなかった。軍隊を保持するというのは、机上の計画だけで実現できるようなものではなかったのである。

東京陸軍軍医学校

明治四（一八七一）年五月九日、のちに軍医寮の長官（頭）になる松本良順は軍医寮建設の計画を太政官に上申した。その内容は軍医の使命、職責、定員、軍病院、兵隊屯所、軍医学校の性格・設備・教育課程などを網羅していた。そして軍医学校については校舎を新設する必要はないとし、諸大名の旧邸宅（上・中・下屋敷など）を接収してこれに充てると書いてあった。

明治五年七月、陸軍軍医生徒を募集した。生徒は二種類に分けられた。官費生徒と私費生徒である。官費生徒は軍医試業生徒と呼ばれ、一七歳以上二五歳未満で身体検査と入学試験に合格した者をいう。給食、衣類、学費は無償で全寮制である。定員は三〇人だったが、翌年一〇月に二五人に減らされた。卒業後は軍医試補（曹長相当官）となるが、一〇年間は義務として軍医を続けることになっていた。

私費生徒は年齢も採用基準も同じだが諸給与はなく、軍医学校の授業を受けながら自宅や下宿から通学した。成績がよければ試験を受け、官費生徒になった。

前年、明治四年に石黒忠悳は大学東校から陸軍に移ったが、軍医寮に初出勤したとき出会った軍医は三人で、林紀《つな》（研海）、三浦煥《かん》、橋本綱常だったという。

入学試験科目は明治五年には、作文、手紙、算術、漢学、日本歴史、世界歴史が共通科目だった。これに外国語があり、ラテン語、フランス語、英語、ドイツ語、ギリシャ語の中から一科目でも合格すればよいとされた。翌年改正された試験では、普通学に物理学、化学、解剖学、生理学、病理学、薬性学、内科、外科が追加されている。おそらく速成のために、素養のある者を集めたかったのだろう。

生徒らが教えられた科目は明治五年以降、軍陣医学の内容が増えてくる。病理学、生理学、解剖学、化学、算術、物理学などに並んで軍律、馬術、練兵、水練といった軍人らしい課目も加わった。屯営《とんえい》医務や選兵学、野営医則なども陸軍らしい教授内容といえる。

こうして軍医教育が開始されたが、早くも明治五年七月には石黒忠悳は官費生徒の教育は現職軍医に負担がかかりすぎるので、大学医学校に委託した方がよいと建議をする。また、明治八年一一月には軍医総監松本順（良順を改める）は陸軍省に普通医学を軍医学校で行なわなくてもよいのではないかと伺いを立てた。軍陣医学のみの教育機関にしようということだ。

そうして明治一〇（一八七七）年二月に西南戦争が起こると、在学生を全員卒業させ、野戦に送り出した。軍医学校の廃止は三月八日に認可された。以後、正規軍医の養成は大学医学校（のちの帝国大学医学部）、各府県立医学専門学校に場を移すことになった。こうして陸軍軍医の補充制度は、すでに医師免許を持つ者と、委託学生制度によるといった二本立てになった。

英国医学の海軍とドイツ医学の陸軍

陸軍軍医界は、佐倉順天堂やポンペに教えを受けたオランダ医学を学んだ人々によって基礎が築かれた。そのオランダ医学の基になったドイツ医学を採用したのが、のちの東京帝国大学医科大学だった。

それに対して、創設期の海軍軍医界の先頭に立ったのが、独学で西洋医学を学んだ石神良策だった。また、彼の下には高木兼寛をはじめとして英国人医師ウィリスの薫陶《くんとう》を受けた軍医たちが集まってきた。

しかも海軍は英国式軍制を採用することとなり、明治六年七月にはイギリスから教官団が来日した。代表はアーチボールド・ルシアス・ダグラス海軍少佐だった。各科の士官六人、下士官一二人、水兵一六人の計三四人にも及ぶ教官団である。ダグラス少佐はのちに大将まで累進した優秀な軍人だった。彼は英国のウィンチェスター・パブリック・スクールの出身で、ダートマス港に停泊する練習艦「ブリタニア」で三年の訓練を受けた。その後、少尉候補生として艦隊に赴任し任官した兵科将校である。

これに先立って、明治五年一一月には高木は病院勤務での優れた実績、また英書をよく翻訳し、病院運営にも貢献したということから、八等官になり大軍医に昇進した。それまでの一等軍医副（中尉相当）が改称された中軍医から一階級上ったのだ。「だいぐんい」といい、このとき主計や機関も「だいしゅけい」「だいきかんし」と兵科と同じく大・中・少を使うようにされた。おかげで海軍では兵科大尉も「だいい」と濁って発音するようになったともいわれている。

こうして陸海軍の軍医教育機関や軍事衛生行政のシステムが整ってきたとき、全国の学校を統轄する文部省でも機構改革があった。医学教育を担任する医務局が設けられた。その初代局長は長與専斎（一八三八〜一九〇二年）である。長與は大村藩医の子で大坂適塾に入門、塾頭になり長崎でポンペに、のちに再び長崎へ出向きボードウィンに学んだ。官立長崎医科大学（現長崎大学医学部）の前身である長崎医学校の学頭になる。帰京して大学文部少丞となり、岩倉具視の遣欧使節に随行し、帰国後は初代相良知安のあとを受け医務局長となった。こうして日本で唯一の大学の医学部はドイツ系一色に塗りつぶされていく。

長與専斎。ボードウィンに学び、のちに岩倉具視の遣欧に同行し、帰国後文部省医務局長となる。

海軍軍医学校は英国人医師アンダーソンを招く

九月には海軍病院内に病院学舎（のちの軍医学校）が創設された。東京大学でドイツ医学を採用したことで、わが国の医学を志す者はドイツ語を学ぶことに懸命になった。しかし世間のドイツ医学一辺倒の動きとは別に、海軍軍医団は英国流に傾倒していった。それは海軍全体が英国海軍の忠実な弟子になろうとしたことによる。海軍士官たる軍医は西欧医学を学ぶと同時に、英語もできなくてはならなかった。海軍は制度も人事・教育も英国流を採用した。国際社会と広く接する海軍士官にとっては英国海軍との交流が最も大切にされた。

そこで、戸塚文海と石神良策は検討を重ね、海軍としてはドイツ医学を信奉する大学に頼らずに独自に軍医を育てなくてはならないという結論に達した。

川村純義《すみよし》海軍少輔（次官）はただちにロンドン公使である寺島宗則《むねのり》（元薩摩藩士）に教官に適した英国人医師の人選を依頼する。寺島は英国政府と交渉して候補者を選び出し、面接を繰り返した結果、当時三〇歳のウィリアム・アンダーソンを日本海軍医学界の師とすることに決めた。

アンダーソン（一八四二〜一九〇〇年）はロンドンに生まれた。ロンドン美術学校に入り絵画を学ぶ。その後、医師になろうとロンドンのセント・トーマス病院附属医学校に進む。学業成績は優秀で、卒業にあたって最高の外科賞を授与された。さらには内科、外科で学位を受

現在の港区芝にあった海軍軍医学校の正門。

け、一八五九年には英国外科大学の最高学位、フェローシップを受ける。卒業後はナルダアピー市立病院に勤務、母校の病院がロンドンのテムズ河畔に新築されたので、そこで外科の助教として働いていた。

セント・トーマス病院附属医学校は現在のロンドン大学を構成するカレッジの前身のひとつである。キングス・カレッジ・ロンドンはジョージ四世とウェリントン公爵アーサー・ウェルズリーによって創設された。一八二九年のことである。その中の医学校がセント・トーマス病院で、医師を志望する学生は病院で実習をしながら医学を学んでいた。また、ナイチンゲールが創立者として知られる看護婦養成機関があることでも世界で最先端をいく医学教育機関だった。

アンダーソンは年俸四八〇〇円の条件で来日した。海軍軍医の最先任者、戸塚文海大医監（大佐相当官）の年俸の倍という高給だった。海軍省は海軍病院内に海軍病院学舎を新設して生徒を募集した。

第一期生は一一人であり、アンダーソンの英語の授業を高木や同じく薩摩出身の加賀美光賢らの通訳で受講した。生徒たちは英語の学習に励んだことはいうまでもない。翌年には内生と呼ばれた官費生徒二〇人、外生とされた自費通学生徒五〇人を入学させた。また生徒を年齢別に分け、一一歳から一五歳までを幼年生徒、一七歳から二三歳までを壮年生徒とした。正規の教育期間は予科二年、本科五年とする。

予科の課程では主に英語と数学・物理・化学などの普通学を学んだ。アンダーソンは英国の医師らしく、講義が終わった午後は入院患者を診察して回った。それに教官や生徒もついて歩き、その様子を見学していた。英国流の実習重視のやり方である。

明治七年には文部行政の歴史の中で「医制」として知られる訓令が出された。内容は全部で七五条にもなり、一条から一一条は衛生行政全般に関するもの、一二条から二五条は医学校についての規定、二七条から三五条までは教員と外国人教師について、三七条から五三条は医師について、五四条から七五条までは薬局と売薬についてのそれぞれの規定が示されている。

この医制の目的は、

（一）文部省が衛生行政機構の整備を統轄すること。
（二）西洋医学に基づいた医学教育を確立すること。
（三）医師開業免許制度を立てること。
（四）薬剤師制度と薬事制度を立てること。
とされる。

翌明治八年には衛生事務は文部省医務局から内務省衛生局に移管される。したがって医制に規定された条文が多く削除された。たとえば、第三七条は医師についての資格規定だが、のちに一九条になった。

さて、高木のことである。海軍病院学舎では、英語のみの講義についていけずに退学する生徒もいた。この時代、どこの高等教育機関も授業や講義は外国語の教科書を使って、原語で行なっている。このため幼いころから語学を研鑽し、選抜され入学することがふつうだった。それでも実際の授業についてこられない者が多かった。こうしたことが解消され、外国の技術や知識を国語に翻訳された教科書で体系的に学べるようになったのは、明治二〇年代も末になってのことだった。

海軍病院学舎でも四月に生徒募集を行なって欠員を補充した。七月は高木は少医監に昇進した。兵科の少佐相当官である。八月には学校の名称を海軍軍医寮学舎と改めて、木村荘介ほか一四人の生徒を採用した。第一期生一七人、さらに第二期生の一五人が学び、アンダーソンの教育にさらに熱意が高まった。

明治八年三月、高木に石神良策から英国留学の打診があった。アンダーソンが紹介、推薦して母校のセント・トーマス・カレッジで学べるという。高木は直ちに留学の準備にかかった、そして四月、石神は心臓発作で倒れ、そのまま息を引き取った。軍医寮の長官には戸塚文海大医監が就任した。

このころの軍艦は幕末に各藩が買った英国製が多かった。鹿児島藩から献納された「春日」（一二五九トン）、「乾行《けんこう》」（五二二トン）、同じく山口藩からの第一、第二「丁卯《ていぼう》」（ともに一二五トン）、「雲揚《うんよう》」（二四五トン）、「鳳翔《ほうしょう》」（三一五トン）、佐賀藩からの「日進」（一四五八トン）、「孟春《もうしゅん》」（三五七トン）などである。また、明治政府が購入した「筑波」（一九七八トン）があり、運送船「高雄丸」（一二九一トン）、「千早」（四四三トン）もあった。

このほかは「東《あずま》」（旧名は「甲鉄」・アメリカ製）、「龍驤《りゅうじょう》」、「富士山」、「千代田形《ちよだがた》」（国産）、「摂津」であり軍艦一五隻、運送船は二隻で総排水量がおよそ一万四〇〇〇トンという海軍というには小さく、とてもささやかなものだった。

高木兼寛の英国留学

陸軍は若者を留学させるよりもお雇い外国人からの伝習を重んじた。それに対して海軍は創設期から熱心に留学生を先進国に送っていた。また海外留学生からの将校への編入コースも早くからあった。

海軍最初の留学生は明治三年三月、二人の兵学寮生徒を英国軍艦「オーデシアス」で三年契約によって航海術の実務を学ばせたことである。翌年二月には兵学寮生徒、軍艦乗員の中から一五人が米英に派遣された。このなかには東郷平八郎（のち元帥大将）や伊知地弘一《いぢちこういち》らがいる。五月には砲術研究のため平山秀次郎と造船技術研究のため丹羽雄九郎《にわゆうくろう》が英国へ、坪井航三《つぼいこうぞう》（のち海軍中将）はアメリカ軍艦「コロラド」に乗り組み航海術を学ぶために派遣された。また同じくアメリカへ艦砲術研修のため森田留蔵も留学していった。

軍医部門でも英国海軍病院規則の調査のために文官が派遣されていたが、高木兼寛の留学は純粋に医学研究のためだった。

高木は学費（年間一〇〇〇円）と支度金一〇〇円を受け取った。明治五年の「海軍武官俸給表」を見ると、少医監は在役俸月額一等一〇〇円、乗艦加俸二五円、外国出張加俸一〇〇円とある。これはそれぞれ少尉級軍医副の三倍になる。一年間の学費としては高木もまずまず足りるだろうと思ったのではないか。

渡海免状（パスポート）を受け取ったのが五月一〇日、アメリカ船「オセアニック」の横浜出航が一三日だった。サンフランシスコには二八日に着いた。翌日、オークランドから汽車に乗りシカゴを目指す。シカゴへ着いたのは三日後だった。シカゴで一泊、続いて汽車に揺られ、翌日の夜にニューヨークに着いた。ここではアメリカに留学する兵科士官、瓜生外吉《うりゅうそときち》（のち大将）や世良田亮《せらたたすく》と別れた。残りの英国留学兵科士官生徒たちといっしょに、三日後に発つ客船に乗りロンドンを目指した。この大西洋横断の船旅は一〇日かかり、リバプールで朝のうちに下船し、すぐに汽車に乗り換えた。ケンジントン公園に面したホテルに入ったのはその日の夜だった。

病院附属医学校での暮らし

セント・トーマス病院附属医学校の授業開始は九月である。高木はそれまでの二か月間はロンドンを知ることに力を注いだ。ロンドンの夏は湿度が高くて高温だった。鹿児島育ちの高木もさすがに困った。食事も洋食ばかりで慣れるのに苦労した。しかし、彼の英語は見事に通じた。言葉の壁を感じたことはなかったといっていい。

戸惑いながら始まった学生生活も順調だった。英国では海軍士官の社会的地位は高く、英海軍を師匠と仰ぐ日本帝国海軍の軍医科士官には、海外からの留学生ばかりか英国人学生までみな畏敬の目で迎えてくれた。

学校の教育方針が実証的であることにも気がついた。講義だけでなく、並行して人体の解剖実習があった。病院に医師と同行させて診察や治療に立ち会わせる。外科でも手術室に入ることができた。麻酔はクロロホルムによる全身麻酔が行なわれていた。殺菌も石炭酸溶液を使っている。石炭酸はフェノールともいわれ、殺菌作用は現在でこそ弱いとされるが当時としては最新の消毒薬だった。

明治九（一八七六）年三月、多くの学生の中で高木は三等賞の表彰を受けた。翌年の成績はついに首席になった。

高木が病院で気がついたことがある。それは貧しい無料患者が多いことだ。王室や篤志家からの寄付を病院は受け入れていた。無料だからといって自費診療の患者と区別はない。また、病院内で働く女性たちの存在も高木は注目した。日本でも賄い婦や看護夫という働き手はいたが、驚いたことにセント・トーマス病院の看護婦たちは医学知識も持っていた。医師の指示に従って治療行為も行ない、手術の助手も務めている。学内にあった看護婦養成所の卒業生だった。

この養成所の創設者は有名なフローレンス・ナイチンゲール（一八二〇〜一九一〇年）である。イタリア生まれの英国人で名門の出身。経済的には豊かだったが家庭的には不幸だった。

悩んだ彼女は一生を病者の看護にささげようと決意する。しかし、当時の英国には看護婦教育の機関がなかった。そこでドイツのカイゼルスペルトに留学し、修道女から看護についての教えを受けた。その後、ロンドンの病院に勤務し、看護の仕事に励んでいた。クリミア戦争（一八五三〜一八五六年）では英国陸軍大臣からの要請で看護団を組織して戦場に赴いた。一八六〇年には基金を元にセント・トーマス病院の中に看護婦学校を設けた。高木が見たのはその卒業生だった。

第三章　脚気への挑戦

高木の帰国

海軍病院長に補任

明治一二（一八七九）年になった。国内では西南戦争の復旧の進捗がようやく見えてきた。ロンドンでの高木兼寛の学業はますます進み、外科、内科、解剖学の試験ですべて一等賞をとった。

九月には後輩の実吉安純《さねよしやすずみ》軍医が留学生としてセント・トーマス病院にやってきた。実吉も同じく薩摩藩軍医の出身で、鳥羽・伏見の戦いから外城一番隊附医師として越後口の攻撃にも参加した。この隊の指揮官は村田勇右衛門、のちの陸軍中将、経芳《つねよし》である。実吉は米沢、山形まで部隊と行動をともにしたが、負傷者に十分な治療もできない自分の医療技術に自信を失った。

実吉が佐倉順天堂に入塾したのは明治二年である。大学東校を任された佐藤泰然に従って上京し東校に入学。卒業後、海軍に入った。高木が九等出仕（中尉相当）であったころに実吉は一二等出仕（曹長相当）だった。高木を尊敬し、あとを継いだ実直な後輩だった。

この年一一月には英国駐在公使が交代した。新任の公使は元薩摩藩士森有礼《もりありのり》（のち文部大臣）である。

明治一三年一一月初旬、五年にわたる留学を終え、高木は多くの業績を携えて帰国した。横浜港に停泊した客船から小さな蒸気船に乗り移って岸壁に向かった。税関を通り横浜駅（いまの桜木町駅）まで人力車に揺られながら、高木はロンドンや英国の風景と比べてまだまだ後進国の自国を愛おしく思ったことだろう。とりわけ貧富の格差が広がる社会を見て、セント・トーマス病院の慈善治療のことを考えたに違いない。

海軍省に出向いて帰朝報告をした高木は海軍からだけではなく外務省などからも称賛を浴びていた。権威ある英国の医学校で素晴らしい実績を上げていたからだ。

高木は英国滞在中に海軍省が機構改革を行なっていたことを知らされた。海軍省は軍務、会計、主船、水路、医務、兵務の六局制になった。医務局は三課からなり庶務、薬剤、計算の各課である。

海軍軍医寮は改組されて海軍省医務局になっていた。初代の局長は戸塚文海である。この医務局の下には海軍病院と軍医養成のための学舎があった。翌月には高木は中医監（中佐相当官）に昇進し、海軍病院長に補任された。

森鴎外、東大から陸軍へ

新政府の機構、学制も定まってきて、このころまでにさまざまな改革や組織の改組があった。ドイツ医学推進の中心である東京医学校は明治一〇年四月に東京大学医学部になっていた。草創期からの世代も代わり、お雇い外国人は帰国し、初期の海外留学生がもどってきて教官を務めていた。医学部で彼らが教えるのは、もちろんドイツ語の医学書、文献であり、ドイツ語で講義も行なっていた。

このころ陸軍の軍制、教育などもそれまでのフランス式からドイツ式に転換していた。明治八年から三年間にわたってドイツ公使館付武官を務め、帰国した桂太郎が主導した改革である。陸軍省の医務機関もこれによってドイツ医学を完全に主軸に据えた。軍医の採用も東京大学出身者を優先するようになった。

明治一二年の統計がある。日本の総人口が約三六〇〇万人の当時、全国の医師の総数は三万七一七三人だった。人口一〇万人あたり一〇一・四三人、平成二二年の医師数二九万五〇四九人、一〇万人あたり二三〇・四〇人と比べれば、ずいぶんと医師の数は少ない。

その内訳を明治二〇年末の統計で見てみよう。医師総数は四万四四一五人である。大学卒は一〇四一人（約二・五パーセント・全体に占める百分率・以下同じ）でしかなく、医術開業試験合格者四〇七二人（九・二）、特許医学校卒七四四人（一・七）、奉職履歴等による認可一五九五人（三・五）、外国医学校九人、府県免許による漢方医三万二八三九人（七三・九）、限定地域開業免許四三人という。

圧倒的多数は府県が許可した漢方医であり、大卒、医学校卒、外国医学校卒をすべて合わせても約一八〇〇人である。なかでも東京大学本科生といわれた七年制の卒業生は二五〇人ほどで、三年制の日本語授業で学んだ速成医師の別科生がその三倍あまりいた。

年齢を二歳も偽って一二歳で本科に合格した森林太郎（鴎外）の飛びぬけたエリートぶりが分かるだろう。森の大学卒業は明治一四年七月九日、一九歳と五か月である。卒業成績は三〇人の中で八位だった。この成績のせいで森は文部省留学生になることができなかった。三位以内でないと海外に派遣されることはなかったからである。

同級生だった小池正直《まさなお》（のち軍医総監）の勧めや家族の意向、西周のあっせんで森林太郎は陸軍に入ることになる。卒業から五か月も経ってからの軍医任官。必ずしも本意ではなかったのだろうという研究者も多い。

階級はいきなり陸軍軍医副（中尉相当官）だった。貴重な大学卒業生である。この大学医学部卒業生が中尉になる制度はその後も変わらず、いまの防衛医科大学校卒業者が自衛隊医官たる二等陸・海・空尉になるのと変わらない。

森と同じく東大から陸軍に入った者は八人にのぼった。伊部彝《つね》、森林太郎、小池正直、菊池常三郎、谷口謙、賀古鶴所《かこつると》、江口襄《のぼる》、鹿島武雄である。三〇人の卒業生のうち、四人に一人が陸軍軍医になった。陸軍は毎年一〇人を大学から採る計画だった。陸軍がいかに近代的な衛生制度、軍陣医学の質の向上に熱心だったかがうかがえる。

その全員がまずそろって東京陸軍病院に配属されたが、翌年五月に人事異動があった。伊部、小池、菊池はそれぞれ名古屋、大阪、熊本の陸軍病院治療科である。鎮台が置かれた旧城下町には大きな病院がつくられた。三人は新任医官らしく鎮台に属する将兵の診察・治療を受け持った。谷口は近衛砲兵大隊、賀古は東京鎮台教導団、江口は東京憲兵隊第五分隊の医務室勤務、鹿島は陸軍士官学校の医官に発令された。

そうしたなかで森林太郎だけは陸軍軍医本部庶務科に勤務することを命じられ、中央官衙勤務に残された。もちろん森の成績が優秀であったことは疑いない。さらに森の伯父筋にあたる西周（陸軍参謀本部御用掛）が当時の軍医本部長林紀（研海）とオランダ留学以来の付き合いがあったこともこの人事に作用したのだろう。

兵員の三人に一人が脚気患者

西洋医学はドイツ一辺倒となり、英国医学の採用は日本中で海軍だけだった。ドイツ医学は基礎医学に優れている。発病の仕組みや、病気が心身にもたらす影響、病原菌の発見、細胞学の知見などでは断然、他国を圧倒していた。しかし、医師の仕事はそれだけではない。

患者を治し、寄り添うことも医師の仕事だ。そう信じる高木にとって、現実に根ざした現場主義が最も大切だった。海軍は発足当時から脚気患者の多発に悩んでいた。海軍における疾病の統計は明治一一年から記録されている。それによれば、総兵員数（下士・兵卒）四五二八人のうち、脚気患者は一四八五人、実に三二・八パーセントの発生率であり、死者も三二人出ている。死亡率は二・一五パーセントとはいえ、三人に一人が患者では戦闘力が大きく減殺《げんさい》されてしまう。

海軍は前年の西南戦争でも商船護送や陸兵輸送、海上警備などに出動したが、すでに乗組員の中には脚気患者が多いことも記録されている。明治一六年までの統計を見ると毎年三割以上の兵員が脚気になり、死亡率も二パーセント台であり、とりわけ明治一五年は罹患率四〇・四パーセント、死者も五一人にのぼった。

高木は海軍病院長として、どうしても脚気への対策と治療法を確立しなければならないと考えた。英国では脚気の患者はいなかった。英国の医師たちは脚気という病気の存在すら知らなかった。それが母国では、日々、脚気患者の苦しみを見るのである。無力であることは戊辰戦争の自分が少しも進歩していないことと同じだった。

明治13年、英国留学から帰国した高木兼寛は中医監に昇進し海軍病院長になった。

明治一一年には英国に発注した甲鉄艦「扶桑《ふそう》」（三七一七トン）、鉄骨木皮艦の「金剛」と「比叡」（いずれも二二四八トン）が回航され戦列に加わった。軍艦は増え兵員も増えるのに、その三割が戦力にならない。これは海軍衛生の重大な課題だと高木は考えた。

すでに政府も脚気の原因究明に

は真剣だった。皇族である和宮までも脚気で失った明治天皇も、自身がしばしば脚気にかかった。

政府は東京府に脚気専門病院設立を命じ、明治一一年七月にその開院式が行なわれた。設立委員は陸軍軍医監兼東京大学医学部綜理池田謙齋《けんさい》、陸軍一等軍医正石黒忠悳、同佐々木東洋、東大医学部教授三宅秀《ひいず》、東京府病院小林恒、それに漢方医として脚気治療に定評があった遠田澄庵《とおだちょうあん》、同じく今村了庵《りょうあん》も加わっていた。

西洋医学の権威たちと実績ある漢方医師の組み合わせで、この人事はたいへん公平であるといっていい。病院長には東京府病院長でもあった長谷川泰《たい》が選ばれた。長谷川は佐倉順天堂出身、大学中教授、東京医学校、長崎医学校の校長も務めた西洋医である。

しかし、この病院での研究も治療効果もはかばかしくなく、病因の調査もうまくいかなかった。結局、ここは閉鎖される。

高木はさっそく脚気について研究してみた。文献を集め脚気の原因説を調べてみた。

漢方医がとなえた「白米原因説」

まず、原因解明ができなかった理由を東京大学の山下政三氏の論文から教えてもらおう。

理由の第一は、脚気の症状が複雑で、変化に富んでいることだった。いろいろな症状が絡み合って、病気の形態がしばしば変わることである。また、老幼婦女子という老人、女性、子供といった体力が弱い者はかかりにくい。ふつう病気は体力があり、健康な者はならない。それなのに、脚気はむしろ元気な男性の若者が多く罹患する。

第二には、一見すると上等な食物をとる人が患者に多い。粗食をしている者はかかりにくい。白米が何より上等で、玄米や粗精米、麦、雑穀は下等なものだと思われていたので、食品とりわけ白米に疑いの目を向ける者はいなかった。

第三は、西洋医学には脚気に関する先行研究がなかった。幕末に来日したオランダ医官も明治の初めに近代医学の伝道者として招かれた西洋人医師も、脚気についてはまるで素人同然だった。日本に来て初めて脚気患者を目にして、誰もが当惑してしまったのである。

彼らの多くは伝染病だとした。きっと病原菌があるに違いないと当時の先進医学者らしく考えたのである。権威ある西洋人医師が伝染病だといった。このことがドイツ医学の信奉者だった東大の学者や陸軍軍医界のトップたちに大きな影響を与え続けた。

第四には、当時の医学者たちは栄養の中に必要不可欠な微量栄養素があることを知らなかった。二〇世紀の初めまでは、タンパク質と脂肪と炭水化物、この「三大栄養素」と塩さえあれば栄養としては十分だと考えられていたのである。未知の微量栄養素、つまりビタミンがあることなど想像もしていなかったのだ。それが不足すると、たちまちビタミン欠乏症という病気になることなど考えもしていなかった。

ところが、漢方医の中には経験から次のように考える人もいた。幕末から明治の前期にかけて漢方脚気専門医として名を轟かせた遠田澄庵である。白米に脚気の原因があるとする、独創的な考えだった。

もともと漢方医学では土地ごとに特有の毒気があると信じられていた。脚気は湿気に脚が侵されてなるといった説もあった。また、青壮年の男性が多くかかることから房事過多（セックスのしすぎ）で精力が不足して起きるといった腎虚《じんきょ》説もあった。以上は隋や唐の時代からの伝承であり、江戸時代末期には過剰な飲酒、過度の美食といった害の説、あるいは伝染病とする意見もあった。

そんななかで遠田は一人、「白米原因説」を唱えたのである。遠田はいう。インドやわが国のように米食をする地域だけの地域病である。そのため脚気を治すにはまず病原である米食をやめることだと。まさに明快に脚気の病因の核心に迫る正論だった。

しかし、世の中を挙げての文明開化、西洋崇拝の時代である。時代遅れとされた漢方医学の迷信のひとつだとみられ、少なくとも学界では異端でしかなかった。のちに陸軍軍医で初めて麦食に踏み切った堀内利国ですら、部下の若い軍医の麦食による快癒の経験談を当初は「時代遅れの遠田信者か」と一笑に付したくらいである。

遠田の発言は正しかった。のちに高木による米食制限や廃止に影響を与え、オランダ人医師エイクマンの米毒説に貴重な示唆をもたらした。エイクマンはここからビタミンを発見するのである。

脚気についての諸説

ここで明治時代を通しての脚気についての諸説をはじめに紹介しておこう。のちの数々の論争を理解するのに役立つはずだ。

東大医学部教師エルウィン・フォン・ベルツ（一八四九〜一九一三年）といえば、明治天皇の診察もした高名な医師である（明治九年来日）。また翌年に来日したハインリッヒ・ショイベ（一八五三〜一九二三年）も高名なドイツ人医師である。ショイベは京都療病院で教師となった。この二人は漢方脚気医書の風毒《ふうどく》説、瘴毒《しょうどく》説、瘟疫《うんえき》説に共感し、それらすべてを伝染病と解釈して、当時のヨーロッパ医学の細菌学流行から、未発見の細菌による多発性神経炎と考えた。

脚気の流行が東京・大阪・京都といった都市に集中すること、交通の発達につれて流行が広がること、多くの人が集まって暮らすこと、衛生状態が悪いことから起こると考えたのだ。確かに大都市では人は密集して暮らしている。兵営や寄宿舎、監獄などに多く発生する。交通の発達も関係があるだろう。物流の向上で生活が豊かになり、白米食が増えていた結果なのだが、米に原因があるとは誰も考えていない。

夏に流行して冬には治まる。若者がかかりやすい。これも冬には発汗が少なく、ビタミンが流れ出しにくいことからだろう。若者はいまも昔も副食にまで気を配らない。ジャンクフードを食べ、糖分が多い清涼飲料水を飲んでいるいまの若者も、昔なら立派な脚気患者予備群である。

伝染病説はこうして東京大学から全国に広まった。西洋科学技術崇拝、先進国にひたすら追いつけの時代だった。細菌も、白米からの毒性も見つからないが、それでも定説化したのが伝染病説である。

こうした背景から東大衛生学教授緒方正規《おがたまさのり》は明治一八年四月には脚気菌を発見したと発表する。おかげで食事に原因があるとした高木ら海軍軍医たちはひどい中傷にさらされたが、このせっかくの発見はドイツのコッホ研究所にいた北里柴三郎《きたざとしばさぶろう》によって否定された。その研究法に欠陥があることを指摘され、反論の論文も多く、いつの間にか消えてしまった。ただ東大の内科学の権威者たちがいつまでも伝染病説を捨てず、依然として学界の主流であり続けた。

続いて原因になる菌がみつからないことから生まれたのが中毒説だった。脚気患者の死体に見られる病変は変性を主にした変化である。これは中毒症と見える。脚気患者の神経麻痺の症状は慢性中毒による麻痺と似ている。乳児がかかる脚気の症状も中毒症と同じだった。母乳を通じて起こる中毒症だとした東大小児科学の弘田長《つかさ》教授の説である。脚気患者の目には中毒で起こる中心暗点が見られた。これらは医学的には筋が通った根拠になる。

また帝大医科大学教授の三浦守治《もりはる》（病理学）は変質した青魚がつくる毒の中毒だと主張した（なお、京都に明治三〇年に帝国大学が開かれて京都帝国大学になるまでは帝国大学は東京に一校しかなかった。そして、のちの学部はそれぞれ法科大学、工科大学、医科大学などと称した。それぞれのトップは分科大学長であり、帝国大学全体の長を総長といった。学部制になるのは大正八年のことだった。以後、校名はその時の制度に合わせる）。同じく榊順次郎も米についた「黴《かび》」による中毒説を発表する。これらもいまから見ればとんでもない間違いだったが、当時は権威者のいうことなので多くが信じた。

栄養障害説もあった。これは当たらずといえども遠からずといった説になる。一部の西洋人医師と少数の日本人医師がとなえた。明治七年に来日し、東大医学部の前身になる東京医学校教師、ドイツ人ウェルニッヒは食事の中での脂肪とタンパク質の不足が原因ではないかと考えた。

明治一二年には蘭領インド（いまのインドネシア）のオランダ海軍軍医総監レーントも同じことを発表した。しかし、これらは日本人や東洋人の食物を観察し、肉、卵、乳製品、牛乳などをろくにとらない様子を観察した結果の想像にすぎなかった。米飯が主になっていて、副食・おかずが粗末なことに着目したのである。根底には、白人優越思想があったのだろう。

高木の発想もこれに似ていた。彼が留学し、暮らした英国には脚気患者はいなかった。日本人の食物の中にタンパク質が少なく、実質は米である炭水化物が過剰だから脚気になるという考え方である。高木はそこで米食を減らして、タンパク質を増やしていこうとする。

高木と森の研究への方法論の違い

あらゆる研究には方法論を必要とする。研究者の成育歴や学習歴、経験歴に基づく社会観や、自然観、学問観に支えられているのが研究者固有の方法論である。ここに高木と森の大きな違いがあった。

高木がとった方法はプラグマティズム、実用主義に支えられた疫学的分析法だった。これは英国医学の伝統的な手法である。以下は高木が創設した東京慈恵会医科大学の研究者松田誠名誉教授の研究によって教えられたことである。

おそらく高木が最も傾倒したのはセント・トーマス病院附属医学校教授ジョン・サイモンであっただろう。サイモンはテムズ川の汚染を調査し、ロンドン市当局に下水溝の不足を指摘した。ここでとったのはいわゆる疫学的分析法である。

疾病の原因を患者の時間的分布、空間的分布、社会階層分布などを統計的に使って分析する。現実から飛躍することなく、試行錯誤を繰り返して原因のありかを探ろうとする方法である。

これに対して森林太郎陸軍軍医はドイツ医学の実験生理学的方法を信奉していた。彼の留学はドイツの各大学でそれぞれの研究を学んだが、ミュンヘン大学のベッテンコーフェル教授（一八一八〜一九〇一年）の教えを大事にしたのだろう。ベッテンコーフェルは医化学出身の衛生学者である。精密で実験生理学を重んじた。統計的・確率的な推論をしていく立場だった。研究室で試験管を振る時間が長い学問である。

結果的に見れば、ビタミン欠乏症の初期の研究はみな疫学的手法で進んだ。ビタミンAの欠乏で起こる「夜盲症《やもうしょう》」、長い航海で船乗りがかかったビタミンCの不足から起こる「壊血病《かいけつびょう》」、ビタミンDの欠乏による北欧の子供の「くる病」などは疫学的手法でおおざっぱに捉えて、その上で実験生理学に進んだ。

いまから見れば、森たち陸軍軍医は高木の疫学的なおおざっぱな「タンパク質不足」の仮説に振り回され、無駄な批判を繰り返させられた被害者でもあった。高木はどれだけ非難されようと自分の試行錯誤はやめなかった。その結果の勝利でもあった。これからはその高木のとった具体的な方法を見てみよう。

脚気の原因は兵食にあり

遠洋航海の記録からヒント

高木は疫学的手法で実態調査を始めた。まず発病と季節の関係である。患者の時間的分布から研究を始めた。晩春から夏になると発病するといわれたが、秋や冬にもかかる者がいる。季節の違いはすべてではないということだ。次に、空間的な考察を行なった。艦船勤務者と陸上勤務者、海兵団の兵舎などで起居《ききょ》する者の違いはあるかと調べた。これも大きな違いはなかった。配置や職務の違いも調べてみたが、まったく関係がない。患者はまんべんなく、海軍の中でどこでも同じ割合で生まれている。

次に服装、食物、住居との関係も調べた。軍服は士官と下士・水兵は違うが、それとはとくに関係があるとは思われなかった。

しかし、ある軍艦の行動記録に大きなヒントを得た。それは明治八年に、わが海軍では二度目の太平洋横断を果たした軍艦「筑波」（一九七八トン）の記録である。アメリカへの大航海の第一回目は幕府軍艦「咸臨丸」（二五〇トン）である。遣米使節を乗せていった。それが一五年前の万延元年のことだった。

明治４年に英国から購入した木造コルベット「筑波」。

「筑波」は一一月五日、乗組員のほかに生徒四七人を乗せて品川沖を出航した。ハワイのホノルルに寄港し、アメリカ西岸サンフランシスコに到着する。「筑波」は翌年四月一四日に帰国した。航海日数は一五〇日、脚気患者はやはり多数が出た。しかし、患者発生について特徴があった。ホノルルやサンフランシスコに寄港泊中は患者が出ない。それがハワイを出て帰国の途につくと脚気患者が急増したのだ。

「筑波」は明治一一年にも遠洋航海に出ていた。生徒四一人を乗せて一月一七日品川沖を出航した。オーストラリアのシドニーに向かう。わが軍艦が初めて赤道を越えた行動である。この時にもシドニーに碇泊中は患者が出ず、帰航途中に患者が発生した。一四五人のうち四七人の罹患である。

二度にわたる遠洋航海でいずれも寄港すると患者

が出ない。そこで寄港中の乗員たちの行動を調べてみた。士官に聞いてみると、兵員たちは自由に上陸して観光をして歩いていたという。ただ、食事にだけは閉口していたらしい。パンを主食にした洋食は多くの者が苦手だったが、寄港して洋食をとった結果、脚気にかかる者はなく、和食にもどる帰途の航海で患者が多発した。とすれば食事に関係があるのではないかと高木は考えを進めた。

英国には脚気の患者はいなかった。医師たちは脚気という病気のことすら知らなかった。英国にはなぜ脚気がないのか。もし、伝染病なら外国にいる間も患者が出てもいいはずだ。それが航海中に限られるのはなぜか。しかし、同時に海兵団や軍港に碇泊中の艦船にも患者が出るのは不思議だ。脚気はやはり食物に関係があるのではないか。

次に患者の多くが兵卒であることに気がついた。士官にはきわめて患者は少なかった。とすれば、士官の食事と兵卒のそれの違いが大きいのではないかと考えを深めていった。

高木は艦船や兵舎内での兵卒の食事の実態を調べて回った。兵卒たちは山のように茶碗に白米を盛り上げてかっこみ、口々に食事に不満はないと答えた。白米は庶民の憧れだった。ふつう、大都会の出身でなければ、主食を精白米にすることはたいへん珍しいことだった。雑穀や麦を混ぜてわずかの米をとり、あるいは玄米や粗精米を食べるのが庶民では当たり前だったのだ。雑穀は炊いても水分が少ない。椀や丼を抱え込んでかっこむのは雑穀を食べるときの行為である。もちもちと粘って、甘くなり、箸でつかみ上げられるのが白米である。兵卒たちは満足そうに白米を食べていた。

さらに調査を進めていくと、食餌の中にタンパク質の割合が高く、炭水化物の割合が低いところでは脚気の発生率は低い、逆に炭水化物の割合が高く、タンパク質の割合が低いところには脚気が多発することが明らかになった。

海軍の兵食無標準金給時代

この時代（明治五〜一五年）を海軍では兵食の「無標準金給時代」という。食費を金銭で渡し、各自に自由に使わせるシステムである。もちろん下士や兵卒はグループごとに米を共同購入して艦内の烹炊所《ほうすいじょ》でまとめて炊飯してもらう。副食もやはり共同で買っておく。これはもともと幕府海軍のやり方を引き継いだものだった。幕府は米飯、味噌、漬物を支給して、副食は金を与えて自由に買わせていたのである。

米飯の量も陸軍と同じく一日六合（九〇〇グラム）、それに副食代一朱（一円の一六分の一＝六銭あまり）、航海中は二朱支給としたのが明治三年のことだった。続いて明治五年九月には白米支給をやめて代金を渡し、各艦船で白米を買い入れさせた。米価の変動に関係なく陸上勤務は日額一二銭、海上勤務は同一五銭を支給することとした。航海運転中なら日額二五銭に、外国航海なら同三〇銭となった。

問題は「無標準」といわれるように、内容については何の規制もなかった。そこで下士卒は副食を節約し、月末には払い戻しを受けて貯金や家族への送金にあてていた。明治一三年七月には西南戦争後のインフレのために購買力が下がった結果、日額が上げられた。艦船乗り組み中は一八銭、航海運転中は三〇銭と二割増しにされた。下士兵卒はこの一八銭をおよそ一〇銭に抑えて、月末には二円余りの払い戻しを受けるのがふつうだった。白米六合と込みで一〇銭、そうすると副食は塩辛い漬物くらいしかなくなってしまう。タンパク質どころの話ではなかった。

士官たちも食費が支給された。将官は日額一円二〇銭、上長官（佐官）同八〇銭、士官（軍医、秘書、主計とそれぞれの副と少尉補）同四〇銭であった。ただし、士官たちは英国海軍の方法を真似て、士官室（分隊長以上、ふつう大尉以上）や次室（士官や副、少尉補）ごとに自治制で俸給から食費を集めていた。支給される金額以上の食事をとっていたのだろう。

のちの話になるが、寄港地ごとに主計官といっしょに食卓係は上陸し、独自の食糧調達をしていたことが分かる資料もある。朝食は和食で、昼食はパンと洋食、夕食は和洋折衷という献立が多かったようだ。

高木はこうしたことから脚気の原因は貧しい副食にあると確信した。

明治一五年五月、高木は軍制改正で軍医大監になり、七月には医務局副長を兼務した。海軍病院長には横須賀病院長だった加賀美光賢が就任した。こうして激務から解放されて、高木は脚気対策に努力を傾注できるようになった。

高木の主張と「筑波」の遠洋航海

明治一五年、軍艦「龍驤《りゅうじょう》」はニュージーランド、チリ、ペルー、ハワイをめぐる九か月の遠洋航海に出た。その間に乗員三七五人のうち一五九人が重症の脚気にかかり、二三人が死亡するといった惨事があった。

高木は以前からの持論、タンパク質と炭水化物の不均衡によって脚気にかかるという仮説を立てた。それを発表したのは『大日本私立衛生会雑誌』である。タンパク質と炭水化物（ただし正確には脂肪と炭水化物）の相対比が、理想的な値とされる一：四から外れると危険だと述べ、従来の兵食ではこれが一：七であり、脚気発症の可能性があるとした。

高木が実際に用いたのは、タンパク質：炭水化物の比ではなく、近似値の窒素：炭素の比だったが、それで計算すると理想値は一：一五であり、これから外れて一：二三になると脚気になるという。

「龍驤」の調査でも脚気にかかった者の数値は、一：八～九になり、患者でない者の数値は一・五くらいだった。そして帰路のハワイで積み込んだ食糧は一・四〜五という理想に近いものので、患者の発生はなかったのである。

高木の疫学的手法の実践はさらに続いた。これまでのようなタンパク質が炭水化物に比べて少なすぎる欠陥だらけの食事をとらず、洋食（パン食）もしくは麦食にし、タンパク質を多くして炭水化物を減らせば、脚気病を予防し、治療できるのではないかというのである。

翌一六年、軍艦「筑波」が遠洋航海に出発する準備が始まった。一一月下旬、高木は思わぬことに天皇から招きがあった。内務卿伊藤博文に数度にわたって脚気問題の解決が重要であることを嘆願していたためである。このことから伊藤の計らいで天皇にじかに上奏する機会を与えられたのだ。天皇自身も脚気を患うこともあり、陸海軍人に患者が多いことを知っており、心配もされていたからだろう。

この高木の上奏の内容について感動的な話がある。少し長くなるが、東京慈恵会医科大学の名誉教授松田誠氏の論文からそのまま引用したい。

「今やわが国の海兵、陸兵は多く脚気病にかかりまする。これがため一朝事《いっちょうこと》ある時に御用を欠くことのあるのを恐れまするからして、どういたしましてもこの病気を予防するということを計らねばなりませぬ。また、この頃の学生の多くは脚気にかかりまする。若い学生はわが国の後継者でありまするから、これらの多くが脚気にかかるようでは、学問はできませぬ。死する者さえあります。これはわが国運を大いに妨げることになりますするから、どういたしましてもこの病を駆除することを計らねばなりませぬ。この病の原因を調査いたしまして、これを予防することができますれば、それは日本国民及び医学にたずさわる者の面目でございます。わが国にかく多数発生する病気の原因が外国の人によって発見されるようなことでは、帝国の医師の不名誉でございます。是が非でも究めなければなりません」

こうした高木の意見は、明治という時代の制約のなかにあっても、脚気研究の動機が純粋な現実的人間愛にあったことを示している。

また、別の場所では高木は、

「農村漁村から徴兵してきた大切な青年たちを断じて脚気病などで死なせてはならない」

とも語っていた。

高木の洋食採用案

高木は兵食の改良を急がねばならないと考えていた。すでに高木は一〇月に食事改善の上申書を海軍卿に出していた。その要旨は次のとおりである。

「栄養がよくないために脚気にかかる。栄養の改良を図るべきだが、経費の関係もあり早急には実施しがたい。そこで、二、三年間は三隻の軍艦に限って西洋食に変えてみたい。他の艦船は既定の食卓料で献立をつくってみる。ただし、全額食料にあてて差額を還付することはしない。そうして各艦船や各兵営に脚気病調査委員会をつくりたい」

ところが、この上申は受け入れられなかった。臨時将官会議の返事は、

「将来、艦船でも兵営でも現食給与に改正することに内決はする。ただし、その糧食条例は主船局で審理することにする。そこで医務局はその準備のために東京海軍病院で若干名の患者について西洋食を試行すべし……」

というものだった。

高木の進言と比べると、かなり後退した内容である。

のちに高木も「将校はじめ主計官らの同意を得なかった」と語っている。

ここで高木がわざわざ将校というのは兵科士官のことである。陸海軍ともに軍医官も主計官も士官ではあったが「軍隊指揮権」を与えられている将校（兵科将校）ではなかった。将校たちは食事のことなど軍人があれこれいうものではないという思いもあったろうし、主計官たちは何より経費が増えることを心配していたのだ。

東京海軍病院での実験

その年の末、東京海軍病院では病気以外で入院している患者一〇人を選んだ。伝統的な和食

と洋食の比較のためである。
五人には旧来の献立、つまり白米中心の和食を食べさせ、ほかの五人にはパン、ビスケット、肉類という洋食を支給してみた。期間は四週間とした。
洋食班には朝昼晩、三食ともパン食が理想だったが兵の嗜好も考えて、タンパク質と含水炭素の比率が適正であればよしとし、パンは朝食だけにした。
まず碇泊中の場合を想定した献立である。
日・火・木・土曜日の四日間は、
朝食……パン五〇匁《もんめ》（一八七・五グラム）、バター三匁（一一・二五グラム）、ビスケット二匁（七・五グラム）、砂糖四匁（一五グラム）、茶一匁（三・七五グラム）
昼食……米飯五〇匁（一八七・五グラム）、骨付き生牛肉五〇匁（一八七・五グラム）、野菜二五匁（九三・七五グラム）
夕食……米飯五〇匁、骨付き生牛肉四〇匁（一五〇グラム）、野菜二五匁、日本酒二合（約三六〇ミリリットル）
月・水・金曜日の三日間は、
朝食……まんじゅう五〇匁（一八七・五グラム）、バター三匁（一一・二五グラム）、ビスケット二匁（七・五グラム）、砂糖四匁（一五グラム）、茶一匁（三・七五グラム）

昼食……米飯五〇匁（一八七・五グラム）、牛肉缶詰五〇匁（同前）、野菜二五匁（九三・七五グラム）

夕食……米飯五〇匁、魚肉四〇匁（一五〇グラム）、えんどう豆一〇匁（三七・五グラム）野菜二五匁、日本酒二合（約三六〇ミリリットル）

というものだった。まんじゅうは小麦粉を原料としたものだからパンと同じと考えた。

次に航海中を想定した献立である。

航海中は娯楽が少なく、食事を楽しみとするのが人情だから、注意して献立をつくった。日・火・木・土の四日間は朝食ではパン、月・水・金はまんじゅうとして、バターとビスケットを毎食与える。昼食と夕食は碇泊中と同じく米飯五〇匁を主食とするが、火・土の二日は米飯を三〇匁に減らして、うどんを二〇匁支給する。うどんも小麦粉である。タンパク質の元となる肉類は、西洋海軍では伝統食の塩漬け牛・豚肉を用意した。その他、保存がきくジャガイモや豆類などを使った。もちろん、からしやコショウ、酢や醤油・味噌も調味料として加えた。

四週間の実験結果は高木にとって喜ばしいものだった。洋食組は体重が一様に減ったが、健康状態はかえって和食組より良好だった。体重が減ったのは慣れない洋食によって食欲が減退したものと考えられた。

問題は経費だった。洋食では日額三三銭一厘にもなった。一か月を三〇日とすればおよそ一〇円となる。兵卒の給与が五円あまりの時代だから、その高額さが分かる。

現行の支給定額では航海中は一八銭、陸上勤務で一五銭である。およそ食費は倍になることが明らかになった。米の価格は当時もいまも、大事な物価の指標だった。明治一五年の標準米で一〇キログラム八二銭とあり、兵員への支給一日五合（七五〇グラム）はおよそ七銭三厘にしかならないから、洋食には金がかかるのが分かる。酒も二合を支給したが並等酒一升（一・八リットル）五銭九厘だから二合では一銭四厘、バターやビスケットも高価だっただろう。また牛肉は一〇〇グラムあたり三銭だった。だから牛肉四〇匁は四銭五厘と考えられる。

明治一六年になっても、依然として海軍予算は厳しい状況だった。主船局での審議が進むわけもなく、七月になってようやく、現物支給をした場合の食物調達や支給方法、また実施した場合の経費などを調査せよという指示が出た。

そして九月一五日、長い九か月に及ぶ遠洋航海を終えて、軍艦「龍驤」が品川沖に錨を入れた。前年一二月一九日に出航、太平洋を南下し、ニュージーランドのウェリントン、チリのバルパライソ、ペルーの首都カヤオ、ハワイ王国のホノルルの四つの港を訪問し、その航海距離は二万海里（約三七〇〇〇キロ）を超えるものだった。艦長は薩摩出身、のちの元帥海軍大将である伊東祐亨《すけゆき》大佐、乗員の総数三七八人、うち生徒は二九人だった。乗組士官の中には加藤友三郎（のち元帥）、出羽重遠《でわしげとお》（同大将）、藤井較一《こういち》（同大将）がいた。

軍艦「龍驤」の悲劇

明治一六（一八八三）年二月八日、「龍驤」はニュージーランドのウェリントンに到着。同二四日、同地を出発。四月一五日、チリのバルパライソに入港、五月三日に抜錨《ばつびょう》、一五日にはペルーの首都カヤオの港に入った。カヤオには五日間しか滞在せず、最後の寄港地ハワイのホノルルに向かった。悲劇の序曲はその航海中に起こった。乗員に足のむくみを訴える者が続出した。軍医の診断は脚気である。

五月になるとさらに患者は増えて、とうとう死者が出た。軍医も手をこまねくばかりで下剤を飲ませるだけだった。帆走の訓練どころではなかった。月末には一五〇人も発病して、砲術訓練どころか帆を広げたり畳んだりすることも不可能になった。機関部では石炭を焚く火夫の数も不足し、士官ですら汽罐《きかん》への投炭作業に加わらなければならなくなった。さらに死者も増え、一五〇人のうち一割にあたる一五人が命を失った。

七月三日に「龍驤」はよろめくようにホノルルに到着し、現地機関の協力で陸上の病院に患者を移した。しかし、脚気を見たこともない医師には打つ手がなく、さらに八人が亡くなった。

ところがホノルルに碇泊中には患者は出なかった。また軽症者は回復し始めた。八月五日に「龍驤」はようやく錨を上げて、一路日本を目指した。そして軽症患者は出たものの病状が悪化する者はなく、九月一五日には品川沖に帰着することができた。

さっそく高木は動いた。昨年(明治一五年)の朝鮮での壬午事件に出動した軍艦に続く脚気被害である。一〇月一日には川村海軍卿に「龍驤艦ハ調査ニ最適切」なので脚気病調査委員会の開設を上申した。そして二日後、戸塚医務局長は病気療養を理由に辞表を出した。五日、海軍大医監高木兼寛は海軍省医務局長に昇格する。

なお、このころの海軍は制度改革が続いていた。階級制度も例外ではなく、兵科以外の「准将校」だった軍医、機関、主計にも少将相当官の軍医総監、機関総監、主計総監が生まれた。日本海軍が最期を迎えるまでの基礎となったのは明治一八年の改正だが、このとき各科総監は少将と同じく勅任二等だった。なお薬剤官が士官として採用される(このときの最高官等は少佐相当官、のちには中将までなる)のはこの改正時である。

同じころ、「筑波」が次回の遠洋航海の準備に入っていた。海軍士官の育成には学校教育の仕上げとして実習を兼ねた遠洋航海が必要だった。兵学校、機関学校や経理学校を出た少尉候補生たちが練習艦に乗って世界巡航をするのは伝統になっていった。

「筑波」で実験を企画する

明治一六年一一月二四日、高木医務局長は海軍卿に上申した。

「筑波は過去四回の遠洋航海を行なっている。その日数は一四八日から一八一日だが、毎回、四七人以上、最大で八八人もの脚気患者を出している。来年早々に出発する筑波の航海予定は一四〇日というが、多数の患者が出ることは予想される。食料の改良は多額の出費になるが、まず支給している食費を全額、食料の購入にあてることが重要である」

さらに高木はさまざまに運動して、前述のように二九日に明治天皇に直接上奏する機会を得た。その背後にいたのは前の内務卿伊東博文である。天皇自身が年来の脚気患者であり、皇后もまた罹患者だった。天皇は宮城《きゅうじょう》を守る近衛兵にも患者が多いことを知っていた。高木は天皇に直に自分の仮説、栄養バランスの不正で脚気が起こることを説明した。天皇は高木の言葉をよく理解したようだった。

しかし、これは見方を変えればずいぶんと強引なやり方である。天皇は良いとか悪いとかはいわない。その代わり、上奏した、お話をしたという記録が残る。高木は意図したか、しなかったかは分からないが、反対者の抵抗をくじくために巧みに天皇の権威を利用したとはいえないだろうか。

一二月末日、この一年間の統計が高木のもとに届けられた。海軍軍人五三四六人のうち脚気発病者は一二三六人、実に全体の二三パーセントが罹患者で、うち死者は四九人にものぼっていた。

明治一七年が明けた。川村海軍卿名で一月一五日に「下士以下食料給与概則」が全海軍部隊に下された。金銭給与を廃止して、現物を支給するというのだ。支給される食料の種類は高木が定めたものになった。米および牛、豚、鳥、魚の肉類、野菜、豆類、小麦粉、茶、脂肪、砂糖、牛乳、塩、酢、香料、味噌、醤油、酒類と漬物だった。

「筑波」の出航が近づいてきたが、高木はまだ不満だった。それは「筑波」の予定する航路が前回の「龍驤」とはずいぶん違っていたからだ。ハワイのホノルル、続いてロシアのウラジオストク、そこから朝鮮の釜山という短いコースだった。比較試験をするならば、前回の「龍驤」と「筑波」は同じ航路、日程でなければ正確なものにはならない。高木は「筑波」の航海予定を変更するように要求した。

しかし、さすがの川村海軍卿もこれにはすぐに同意しなかった。問題は費用である。「筑波」の予定は一四〇日であり、「龍驤」は二〇六日だった。「筑波」を同じコースで行かせた場合、五万円以上も金がかかることが分かっている。海軍の年間予算は当時三〇〇万円だった。艦船を新造し、維持し、兵員を養い、教育訓練をする。そのなかで突然、五万円の経費増加である。遠洋航海の経費は閣議の決定事項であり、大蔵省も認め、決裁も得ている。それを急に覆し、さらに五万円もの金を要求する。とても常識のある考えだとは思えない。

　ところが高木はそれをやってのけてしまう。松方大蔵卿に交渉し、さらに参議伊藤博文に頼みこんだ。伊藤は閣議に再びかけ直すことを了承した。こうした行動は反感を買わないはずがない。しかし、その熱意と実行力はたいへんな勇気だというしかない。高木は内閣会議の結果を待った。

　おおかたの予想に反して、大蔵省は承認の方向に動いた。松方の主導で国家の存亡に関わる大事ということから内閣会議にかけるまでもなく、大蔵省は来年度上半期の予算から繰り上げ支出を認めるというのだ。

　高木が心血を注いでつくった一日分の献立量は次のとおりである。

　米一八〇匁（六七五グラム）、魚類四〇匁（一五〇グラム）以上、肉類八〇匁（三〇〇グラム）以上、油脂類四匁、砂糖二〇匁、牛乳一二匁、味噌一四匁、醤油一六匁、野菜一二〇匁、酢二匁、香料三分、酒類五〇匁、豆類一二匁、麦粉二〇匁、茶二匁、塩二匁、漬物二〇匁、果物適宜。

　この表の内容が全海軍に実施されたのは二月九日のことだった。そして「筑波」が品川沖を出航したのはその六日前、二月三日のことである。

　出航前に高木は「筑波」艦長有地品之允《ありちしなのじょう》大佐から食料調達についての報告を受けていた。肉類についでは航海中腐敗するので缶詰肉を大量に積み込んだ。また日量八〇匁が肉の定量だが、鶏卵を代用するときは一個を肉一〇匁とみなすこと、魚類四〇匁がないときは二〇匁の肉を支給することなどである。高木はいずれも認めた。それにしても士官・准士官三五人、生徒二五人、下士四八人、卒一八八人、准卒三七人、合計三三三人の人数である。一日に消費する米だけで二二〇キロあまりだった。

この実験航海の食糧をみると、「白米を減らしタンパク質を多くした食糧」、つまり高木のいう西洋食に近いものを実施している。これこそ高木が「龍驤」の脚気病調査委員会で述べた結論のひとつ、

「本病の原因は完全に食物の調合不良に基づくものと考えられる。食品の分析値からみて窒素成分（タンパク質）が少なく、炭素成分（炭水化物）が多すぎる食物、すなわち窒素、炭素の標準値（一対一五）を大きく逸脱した食物（白米偏重食）を摂った下士卒に本病を発生することが最も多く、反対に標準値からの逸脱が小さい食物を摂った下士卒には本病を発生することが少なかった」

という考察を生かした理想の食糧だった。

「筑波」の成功

明治一七年五月二八日、オークランドの「筑波」からの便りが届くまで高木は悩み続けた。手紙が書かれたのは三月二八日で、そこには毎日肉を八〇匁（三〇〇グラム）以上与え、コンデンスミルクやビスケットなども与えたこと。乗員一同が日本内地にいた時より健康であること、脚気が疑われるような患者は生徒に三人、下士以下に一人のみだったこと、その内訳も手指に感覚がなくなったという軽症の生徒一人のほかに、わずかに脛部《けいぶ》に浮腫《ふしゅ》が出た者三人であることなどが書かれていた。

ホノルルの「筑波」からは「病者一人もなし、安心あれ」という電報が届いた。前年の「龍驤」からは同じくホノルルからの電文、「病者多し、航海できぬ、金送れ」であったこととは天と地の違いだった。

「筑波」は一一月一六日、品川沖に帰着した。二八七日間の航海でわずかに一四人の脚気患者を出したにすぎなかった。士官候補生四人と一〇人の兵員が脚気と診断されたが、四人の士官候補生は週ごとに一ポンド（約四五〇グラム）支給されたコンデンスミルクを飲まなかった。一〇人の兵員のうち八人は肉類を嫌って食べなかった者だと高木は論文に誇らしく書いている。もちろん死者はいなかった。

国内のほかの艦船や部隊でも脚気患者は減っていった。二月の食料改善以来、患者は減り続け、年間で七一八人と前年と比べてほぼ半分になっていた。海軍総兵員数は五五三八人、発生率は一二・七四パーセント、死亡した者も八人と前年の四九人から大幅に減少した。まさに高木の仮説のどおりに、給食の改善は確実に脚気と死者を減らしていった。

高木の成功の理由

慈恵会医科大学の松田誠名誉教授は、医化学講座（現・生化学講座1）の主任教授を長く務め、高木兼寛の研究に多くの精力を注いだ。その論文集には多くの教示を見ることができるが、なかでも次の指摘はたいへん興味深い。

本来、高木の主張は、現在から見たらビタミンの存在に気づかない間違ったものだった。正しかったのは、食物に関係があるという仮説である。そこで高木はタンパク質と炭水化物の比率が問題だと考えた。だが、実はそれもやはり正解ではなかった。

それも当然で高木の実践研究は一八八〇年代であり、抗脚気のビタミンが発見されたのが一九一〇年、日露戦争後の明治四三年のことだった。

では、どうして脚気は減ってきたのか？　海軍ではどうして脚気を撲滅できたのだろうか？そこで現代ビタミン学との関連から考察した松田氏の説を紹介したい。

高木は論文の中で、基本食品の中の窒素、炭素の相対比を出している。たとえば白米は窒素対炭素の比は一：五〇・二八、小麦は同じく二二・二三、パンは二一・七五、牛肉五・一八、魚肉四・五五、大豆四・二〇、豌豆（エンドウマメ）一〇・七三、大豆からの味噌五・四九、野菜四一・三七である。

これを元にして高木は一二種類の食物献立を考えた。ただし、ここで示す数字はすべて概数である。第一例の献立は白米九七〇グラム（約六合）、味噌一二〇グラム、野菜四〇〇グラム、大豆八〇グラムだった。これは標準的な白米食中心のみそ汁や漬物だけの組み合わせになっている。これは窒素：炭素の比率が一：二九・五で、脚気を招く食餌になる。

第二例は、白米を大麦九七〇グラムに変えたものだった。この比率は一：一五・九となり、動物性食品を含まないがたいへんよいとした。第三、四例、はいずれも大麦と白米を組み合わせたもので、一：二一になったのは白米と大麦をどちらも四八五グラムとするものだった。そして、第五例はパンを七五〇グラム、牛肉四〇〇グラム、野菜二五〇グラム、砂糖五〇グラムというもので、比率は一：一二・五となる優良なものだった。

以下、白米と牛肉、白米・大麦・牛肉の組み合わせ、白米・魚肉、白米・大麦・魚肉などの調整をし、高木は一二種類の献立をつくり上げたのである。

高木はこの中で一：一五・九、一：一二・五、一：一五の値を示す計四種の献立が脚気を予防できると主張している。一：一五を示す二種類は白米・大麦・牛肉の組み合わせで、いずれもそれらの割合を変えているものだった。

それにしても高木の献立ではビタミンB1については何の考慮もされていない。そこで現在の栄養分析表を使って考察した松田氏の論文を引用したい。それによれば、カロリーはすべて四〇〇〇キロカロリーに統一してある。このカロリー量の大きさを松田氏は重労働者の消費熱量に匹敵し、兵食はそれにあたるという。現在の陸上自衛官が支給される三食もこれに近くなっている。

高木のつくった献立には、本人も気づかないうちに見事にビタミンB1が多く含まれていた。とくに高木が最も推奨する第五例、すなわちパン七五〇グラム、牛肉四〇〇グラム、野菜二五〇グラム、砂糖五〇グラムという比率一・一二・五という献立のビタミンB1含有量は最大の五・五ミリグラムにも達している。最も少ない二ミリグラムにも満たないのは白米九七〇グラムをとるものと白米・魚肉の組み合わせだった。そして、高木が勧める献立はすべてビタミンB1の含有量が多いものである。

高木のいう含窒素物質とは現在でいうタンパク質であろう。総カロリーを四〇〇〇キロカロリーに抑えてあれば、窒素・炭素比を改善するにはタンパク質を増やし、炭水化物を減らせばいい。脚気に関しての高木の説がビタミン学説と符合するのは、食物中のタンパク質とビタミンB1の含量がある程度相関するからではないだろうか。

その相関する理由を松田氏は次のように指摘する。一般に代謝の盛んな組織には酵素蛋白を含めてタンパク質が多い。そこでは酵素蛋白に平行して補酵素も多いはずだ。ビタミンB1も生体内では補酵素の形をはじめタンパク質と結合する形のものが多いので、結局のところタンパク質の多い食物にはビタミンB1が多いのではなかろうか。そこに高木の成功があった。

海軍の兵食、パン食から麦食へ

順調に進んだかのようにみえた海軍の兵食改良も、何より兵員たちの抵抗から徹底ができなかった。米は一八〇匁（六七五グラム、約四合）を与え、パンにした場合は一五〇匁を支給するとされた。ところが兵卒たちはパンを嫌い、食べなかった。肉にも手を出さず、せっかくの食事を海に捨ててしまい、なかには腹が空いても洋食は食わないなどという者もいた。そのため、高木は次の手を考えた。

「筑波」での成功の翌明治一八年二月一三日、高木は「米麦等分給与」についての上申書を出した。ただちに海軍卿はこれを認めて、三月一日からパンをやめて麦が支給されることとなった。ただし、百パーセントの麦飯にはしなかった。全体のおよそ五割の挽割麦《ひきわりむぎ》が混ぜられた（実際には四割の混入）。この麦飯の効果は大きく、年末の調査では患者数が四一人と激減した。明治一五年の一二三五人が一七年二月からの洋食で七一八人となり、翌年には麦飯で四一人となった。もちろん、死者もいなくなった。一九年には総兵員数八四七五人のうち患者はゼロとなった。

明治二三年二月一二日、「海軍糧食条例」が公布されて、昭和二〇年の海軍崩壊の日まで麦飯支給は継続された。以後、海軍では脚気はなくなったとされたが、不思議なことに高木が亡くなる大正九年のころから海軍の脚気は再び増え始めるようになった。

第四章　陸軍の脚気対策

陸軍兵食の始まり

「銀飯が食える」だけで幸せ

慶応四（一八六八）年二月七日（九月に改元されて明治元年となる）、新政府の海陸軍務局と会計事務局の連名で次の「達」が出された。

「京都ヨリ進軍ニ付　諸道宿駅取締各藩へ御達ノ内」として、「駅々（宿場）通行ノ兵隊」には宿泊をする駅では白米四合と金一朱（一両の一六分の一）、休息をする駅では白米二合と銭一〇〇文を給与せよという指示が出された。金一朱はおよそ四〇〇文。ふつうの旅人が一泊朝夕食付きで二〇〇〜三〇〇文という時代である。一日に白米六合と五〇〇文だから贅沢な給与といえるだろう。もちろん、戦争が終わったら宿駅や各藩には「朝廷ヨリ金穀《きんこく》」が下されるという。

同年四月一二日および翌年九月に出された達でも「一日白米六合」の規定が出されている。そのまま明治五年二月、陸海軍が分離するまで米六合と金一朱の支給は守られたらしい。

陸軍は徴兵令の施行（明治六年一月）に合わせて、陸軍少将津田出《いずる》が会計局長になり兵食の規則をつくった。三月二七日のそれによると、下士・兵卒の区別なく一日に白米六合と賄料六銭六厘とされた。賄い料六銭六厘の根拠の内訳がある。

牛肉二四匁（九〇グラム）二銭二厘、味噌二〇匁（七五グラム）二・七九厘、醤油五勺（九〇ミリリットル）四・五厘、漬け物五〇匁五・五厘、魚菜として朝の味噌汁の実五厘、昼食の魚一銭四厘　夜の牛肉煮合五厘の合計二銭四厘、薪（五〇〇匁）五・五厘、茶（四分）〇・一六厘、鰹節（一匁）一・一厘で、合計六銭五・五五厘となっている。

なぜ一日白米六合かというと、江戸時代には武士の給与として「一人扶持《ぶち》」という制度があった。一人扶持とは玄米五合を支給されることをいう。時代劇で下級の侍のことを「サンピン」などというが、三両一人扶持、つまり年間現金で三両、米が一日五合換算で支給された旗本などの奉公人である。ピンとは「一」のことをいう。

玄米五合とは精米すれば一割は糠や種皮、胚芽が失われるから搗《つ》き減《べ》りする。白米四合五勺（六七五グラム）になったが、激しい労働でなければ足りただろう。だから兵隊は六合ということになったらしい。それはのちに軍医総監になった石黒忠悳の回顧談にある。

明治一〇年一月から賄料は六厘が減額され、わずか六銭になった。そして西南戦争が終わり、インフレの時代になる。兵食は粗末になれば、すぐに健康に影響し、戦闘力が減殺される。物価の上昇があっても白米六合は守られるが、決められた六銭で買える副食はどうしても粗末になってしまった。

明治一五年、陸軍軍医本部次長の石黒忠悳は、松本順本部長の名で大山巖陸軍卿に兵食改良の上申書を出した。その要旨は、「明治一一年ごろに比べ諸物価は一・五倍になっている、外国のように副食も分量によって定めて欲しい、参考までに欧米一一か国の陸軍の兵食の分量を調査したものを提出する」というものだった。列国の兵食の調査は詳しく、主食、副食、調味料まで網羅されていた。

ところが、軍の上層部はこれに対して黙殺するという態度に出た。陸軍下士兵卒は四万名、海軍と比べたらおよそ一〇倍の大所帯である。西南戦争後の政府の台所は火の車だった。とても賄料（副食費など）の増額など認められるものではなかった。しかも、上層部はほとんどが幕末には下級武士の出身である。「腹いっぱい銀飯が食える」だけで幸せという思いもあったのだろう。

小池陸軍軍医の先見性

軍医本部は全国の軍医官に意見書を求めた。なかでも出色《しゅっしょく》なのは大阪陸軍病院治療科に籍があった小池正直軍医のものである。明治一五年八月に出された意見書の要旨は次のとおりである。山下政三氏が紹介する。

「人は一日に少なくとも一二〇グラムのタンパク質と四二〇グラムの無窒素物（炭水化物と脂肪）をとる必要がある。食物の配合では、窒素（タンパク質のこと）と炭素（炭水化物）の比例、タンパク質と無窒素物の比例は一定であることが望ましい。窒素と炭素の比例は一：一三ないし一五、タンパク質と無窒素物の比例は一：四もしくは五といわれる。以上からわが陸軍も国産の食物で兵士の食量を決めるのがふさわしい。

そして、英・仏・独・墺・アメリカの兵卒の食量は、タンパク質がほぼ一二〇〜一六〇グラム、タンパク質と無窒素物の比例もおおよそ一：五以上になっている。

米の分析表をみると、精米六合にはタンパク質約六三グラム、無窒素物は七〇三グラム余りで、その比例は一：一一・一六である。無窒素物のうち脂肪はわずかに四・五九グラムにすぎず、炭水化物は六九八・四九グラムになる。脂肪は〇・六五パーセントにしかならず、炭水化物は九九・三五パーセントにもなっている。

精白米六合は偏っていて、澱粉《でんぷん》は過剰、脂肪が不足、タンパク質が最も不足である。もし、米を増やしてタンパク質を補うというのなら、一日一升二合（一八〇〇グラム）の米を食べなければならない。澱粉の過剰はますますひどくなる。

もし、これを副食で補うなら菜代六銭で、タンパク質六七グラムの不足をまかなえるか。魚のタンパク質は一〇〇〇分の一三七・四でたいへん多いが、大阪の歩兵第八聯隊の本年六、七月の炊事の代価を見ると、副食費のみに使えたのは四銭強でしかなく、それでは買える魚は二〇匁（七五グラム）、ないしは二三匁（八五グラム強）にしかすぎない。

パンにすればいいという者がいるが、それは酔洋家（なんでも西洋のものは優れているという人）のたわ言である。米は優れた食品であり、農業をもって国を建てているのだからますます米の蕃殖を図らねばならない。一日精米六合は継続すべきであり、澱粉量の過剰はそれほど問題ではなく、米の脂肪とタンパク質の不足は魚と植物で補うようにしたい。

牛肉は維新後の食物であるだけでなく、牧畜業が盛んではないので、都会や開港地以外では調達しにくい。また、牛肉を嫌がる者もいる。だから兵卒の常用食物にはしにくい。魚にはそのような困難はない。しばらくは魚を常用食物にしたい。しかし、魚だけで米のタンパク質と脂肪の不足を補うのは費用の点で難しい。そこで安価な豆腐でその一部を分担させたい。

魚と豆腐を常用とすると、その量を制定しなくてはならない。私案では精米九〇〇グラム、魚二〇〇グラム、豆腐五〇〇グラムとする。タンパク質は合計で一三二・四四グラム、脂肪二八・七八グラム、炭水化物六九八・四九グラムとなる。タンパク質と炭水化物の比例は一：五・二七となって列国軍の比例に等しく、養分はかえって多い」

というものである。

海軍の高木の実践より早い明治一五年八月の時点で、タンパク質の重要性と、窒素と炭素の比例の重要性を詳しく述べている。まさに東京大学の山下政三教授（昭和二年福岡県生まれ、同二八年東京大学医学部卒、同二九年内科学教室に入局、同三五年医学博士）が指摘するように、高木兼寛海軍軍医の主張は、この小池陸軍軍医の二番煎《せん》じのようなものである。

小池正直の経歴

森林太郎と同じく東京大学医学部から小池は陸軍に入った。年下の森に陸軍軍医になるように勧めたのは小池だともいう。小池正直とはどういう人物だったか。

小池は安政元（一八五四）年一一月、山形県鶴岡藩医の家に生まれた。藩校の致道館《ちどうかん》に入り漢学、英学所で英語を学んだ。明治六年五月上京し、壬申義塾《じんしんぎじゅく》でドイツ語を学んだ。その年の一一月には第一大学区医学校（のちの東京大学医学部）に進む。

ここで東京大学医学部や帝国大学医科大学について説明しておこう。東京大学という名称は明治一〇年四月からである。それまでは第一大学区医学校から改称された東京医学校という文部省の学校だった。新政府は東京開成学校と医学校を統合して東京大学という組織に改編した。これに附属したのが東京大学予備門であり、のちに第一高等学校になった。

東京大学は明治一四年に法学・文学・理学部と医学部で構成されることになり、続いて明治一七年には司法省法学校、翌年には工部省工部大学校も吸収し、その翌年に「帝国大学令」が出され、法・医・工・文・理の各科分科大学が発足してわが国唯一の帝国大学になった。また明治二三年には東京農林学校が農科大学になり、明治三〇年に京都帝国大学が設立されると東京帝国大学と改称された。

明治一〇年三月に小池は陸軍軍医生徒に採用された。のちの制度では陸軍委託学生にあたる。陸軍から学費と手当てを支給される。明治一四年七月、東京大学を卒業し医学士の学位を得る。このとき、二五歳八か月だった。すでに五月には軍医副（中尉相当官）に任官し、東京陸軍病院、憲兵第四分隊附、翌年五月大阪陸軍病院治療科に異動する。先の兵食に関する意見書はこの勤務の合間に書かれたものだろう。現実的で実践しやすい提言であった。

小池は中央勤務からドイツに留学した森とは異なるコースを歩んだ。朝鮮の釜山領事館附属病院長や近衛砲兵聯隊医官、軍医学舎教官などを務めたあと、明治二一年になってようやくドイツ留学を命じられた。指定された研究分野は「建築及土壌気象ニ係ル衛生学且軍隊ノ衛生事務研究」だった。

ミュンヘン大学で二年半にわたって衛生学の研究法を学んだ。明治二六年には陸軍省医務局第一課長、一等軍医正（中佐相当官）に昇任、日清戦争では第五師団兵站軍医部長、続いて第一軍兵站軍医部長、最後に占領地総督部軍医部長として野戦に出征する。

明治三〇年五月、第五回万国赤十字会議の日本政府代表としてオーストリアに出張する。帰路は英領インドの兵営や軍病院を視察し、翌年二月に帰国する。八月、軍医監（少将相当官）に昇任し、陸軍省医務局長となる。明治三二年三月、東京帝国大学から医学博士の学位を授与される。明治三四年三月から三六年五月まで陸軍軍医学校長事務取扱を兼ねる。

日露戦争（明治三七〜三八年）では野戦衛生長官、満洲軍兵站総軍医部長として従軍。その間に陸軍軍医総監（中将相当官）に進み、明治四〇年九月には華族に列し、男爵となる。一一月に医務局長を辞任し、予備役編入。明治四四年貴族院議員に勅選される。大正三年一月、死去。享年六〇だった。

陸軍と脚気

陸軍兵員の三割以上が脚気患者

脚気と苦闘していたのは陸軍も同じである。報告がされたのは、まず明治三年の大阪の陸軍兵学寮の生徒たちの罹患だった。兵学寮は幼年舎と青年舎に分かれ、各藩から派遣された生徒である。教育終了後には藩に帰ってフランス式陸軍の教官になる士官候補生である。

翌明治四年には脚気患者が多くなり、夏になると野外教練もできない状態の生徒たちが増えた。数十人を兵庫県の有馬温泉で転地療養をさせた。柳生悦子氏の『幻の陸軍兵学寮』によれば、生徒の食事は「豆汁（味噌汁）や油脂汁（洋風スープ）、昼は魚・牛肉」ということだった。もちろん、主食は大量の白米である。

続いて、薩摩・長州・土佐の三藩から差し出された政府直属の「御親兵《ごしんぺい》」からも脚気が大量発生する。そして、当時の軍医たちの証言にもあるように、夏になるとほとんど五人に一人は脚気になった。なかでも明治七、八年がひどく、軍医たちは転地療法なども試みたが、まるで効果がなかった。東京と大阪がもっとも多数の患者を出したともいう。

このことが脚気は流行病である、目にみえない病原菌がいるのではないかという判断のひとつにもなった。外国人のお雇い教師たちもほとんどが伝染病説をとっていた。

明治一一年には陸軍兵員数が三万六〇九八人で患者は一万三五七〇人（罹患率三七・六パーセント）にものぼった。死者は四一〇人で死亡率は三パーセントにもなる。その翌年もやはり患者一万人を超え、死者も二四七人、死亡率は二・三パーセント。明治一三年から一四年までは一〇パーセント代後半に罹患率は下がるが、明治一六年には九九三五人、罹患率は二五・五パーセント、死者二三五人、死亡率は二・四パーセントにもなった。そして、海軍が食事の改善に挑んでいたころの明治一七年には、患者数一万二二五人、罹患率二七・七パーセント、死者二〇九人、死亡率二パーセントという実態だった。

西南戦争中の脚気

国内最後の内乱である西南戦争（明治一〇年）。そのハイライトは熊本城攻防戦と田原坂《たばるざか》の血戦だろう。熊本城はもともと薩摩島津家の来寇に備えた堅城であり、そこへ薩摩士族軍が襲いかかった。籠城したのは熊本鎮台司令長官陸軍少将谷干城《たにたてき》（元土佐藩士）以下の将兵、東京警視隊のポリス、軍属等あわせて四五一八人である。

二月二一日から四月一四日までの五〇日あまりの攻囲戦では二四六〇人の戦闘による死傷者を出した。実に五四パーセントもの損耗にのぼった。

病死者は七五人で、その内訳はコレラ二一人、腸チフス一三人、脚気は七人、赤痢五人その他であり、自殺者も三人が出ている。脚気の死者は少ないが、ふつうに死亡率は二パーセントくらいと考えると三五〇人ほどの患者がいたことになる。城内の食事は白米が不足したことはないという。城下の米穀商から運びこんだ玄米を精白し、一日に六合（九〇〇グラム）から七合（一〇五〇グラム）が支給されている。副食は味噌、塩が中心で、ときたま干魚が出るくらいで典型的な脚気誘発食であることは疑いない。

また、応急治療所である大繃帯所《だいほうたいじょ》や後方に設置された軍団病院にも脚気患者は多かった。野戦軍でも脚気は大流行だった。激しい運動をしたり、走ったりすると息切れがする。脚はむくんで膝に力が入らない。ついには寝たきりになってしまう。

食事に起因する脚気があったことは西郷軍でも変わらない。ただし、西郷軍や熊本協同隊などは後方兵站が貧しかったために、民間から徴発した雑食がふつうだった。おかげで飢えには悩まされたが、かえって脚気症状を訴える者は少なかった。

この戦争中の七月一二日には戦争指導のために京都滞在中の明治天皇にも脚に浮腫が出た。脚気と診断されたのは一五日である。八月七日には親子内親王（和宮・徳川家茂夫人）は療養のために神奈川県の箱根塔ノ沢温泉に出かけた。五月から脚気に侵されていた内親王は転地と治療のかいもなく九月には亡くなってしまう。

また、大警視から陸軍少将に補されて別働第三旅団司令長官として戦っていた川路利良《かわじとしよし》も脚気のために七月一日に鹿児島を離れている。

興味深いのは、明治天皇ご自身は侍医に勧められた高地に移る療養を断られていることである。その理由を二つ挙げられたという。そのひとつは、脚気は国民すべてが罹患するもので、国民みんなが転地療養をできないのだから、誰にもできる予防法を見つけるべきだ。第二に、東北を巡幸したときのことを例に挙げた。ある鎮台兵部隊は高地に駐屯していたのに罹患者がいた。それゆえに高地への転地療法は信用できないというものだった。

明治天皇はさらに漢方医遠田澄庵の、米食をさせずに、小豆や麦の食餌療法を参考にしたらどうかともいわれている。のちに高木兼寛が上奏した時には、すでに経験的に天皇は食物が問題だと考えていたことが分かる。

陸軍士官学校生徒の食料分析調査

陸軍軍医本部では明治一五年九月から一〇月にかけて、陸軍士官学校生徒の食料分析調査を行なった。

伝統的な日本食には、近代栄養学から見ると大きな欠陥があるという指摘はすでに明治の初め欧米人によってされていた。肉食を基本としてきた西洋では、栄養学の進歩につれて一九世紀の中ごろには栄養の中心はタンパク質であるという考えが主流になってきていたからである。欧米にはわれわれのように主食と副食という考え方がない。身体をつくる成分はタンパク質であり、炭水化物や脂肪は消費されるエネルギー源であるにすぎないという考え方がされるようになってきた。

食品の栄養価や食事の良否を決めるのはタンパク質の量で決定するというやり方が主流になった。この考え方を初めて紹介したのは明治七年から八年まで東京医学校のお雇い教師だった、ドイツ人医師のウェルニッヒだった。

彼によれば日本人の食事を観察したところ、タンパク質と脂肪の不足がみられる。炭水化物（米）を過剰にとりすぎるという。日本人の体格が貧弱なのはそれによるもので、米を食べすぎるので胃拡張が多い。脚気の原因はタンパク質と脂肪の不足が関係しているとも主張したのである。

ところが、ウェルニッヒの後任者であるベルツ医師はそれに反対した。日本食擁護論ともいうべき見解を明治一五年に発表する。

「日本食はタンパク質を多く含む味噌、豆腐、魚、鶏肉、鶏卵をいっしょにとるので必ずしもタンパク質不足ではない。また僻村や山間地帯では豆類を多く食べるから、それが魚の代わりになっている。実際に日本人の尿を調べると、タンパク質の代謝物である尿素の量が肉食のヨーロッパ人と違わないので、タンパク質の不足があるとは考えられない。日本人の食物は肉食ではないが、欧米各国の栄養に劣るものではない」

そして、ベルツは脚気の原因として伝染病説をとっていた。

陸軍士官学校生徒の食料を分析したのは、東京大学化学製薬学薬剤学教師のヨハン・フレデリク・エイクマンだった。エイクマンはビタミンの発見者になるオランダのクリスティアン・エイクマンの実兄である。ヨハン・エイクマンは生徒たちの一日分の米飯と副食について栄養分析を行なった。東京大学の山下政三氏のまとめによれば、（一）タンパク質の微量、（二）脂肪の最少量、（三）炭水化物の最多量だった。ウェルニッケの観察は正しかったのだ。ただし、このままでよいかどうかは陸軍軍医本部に任された。エイクマンは軍医本部に気兼ねして意識的に断定を避けたのである。

陸軍軍医たちは決して手をこまねいているばかりではなかった。むしろ積極的に兵食の改善に取り組もうとしていたのである。

監獄の食事で脚気が激減

堀内利国は弘化元（一八四四）年七月、若狭国（現京都府）舞鶴藩士の子として生まれた。大阪でオランダ軍医ボードウィンやエルメスの指導を受けた。明治三年五月、大阪軍事病院医官となり、明治五年陸軍一等軍医（大尉相当官）になる。明治八年に大阪鎮台病院長となり、明治一〇年一等軍医正（中佐相当官）、明治一五年に大阪鎮台陸軍病院長となる。明治一八年には大阪鎮台軍医長になった。鎮台陸軍病院はのちの衛戍病院であり、鎮台軍医長はのちの師団衛生部長であり、もちろん鎮台軍医長の方が上位職である。夫人は幕末の適塾の主宰者緒方洪庵の娘である。同じく陸軍軍医緒方惟準の義弟になる。

大阪鎮台陸軍病院長であった明治一七年四月のことである。大阪鎮台の兵が兵庫県三木野で演習中、五〇～六〇人の脚気患者を出した。とくに大阪駐屯の歩兵第八聯隊の下士兵卒が多かった。この後に対策を協議中、堀内は監獄（刑務所）の食事についての興味深い話を部下の軍医から聞いた。規定が変わり、主食として米麦を混ぜた飯を支給し始めたところ囚人の脚気が激減したという。

明治一四年七月から監獄ではそれまでの米飯から米麦混合飯（麦六分、米四分）を与えるようになった。するとその翌年、翌々年と脚気患者は減っていき、明治一七年にはとうとう罹患者は皆無という状態になった。

堀内にこの話を聞かせたのは神戸分遣砲兵隊附の重地正己《しげちまさみ》三等軍医だったという。重地は熊本に在勤していたときに自身も脚気にかかり、友人から麦食を勧められた。実行してみると、翌年からは脚気症状が出なかった。麦を兵食に混ぜてみたらどうかと堀内に提案したという。

すると堀内ははじめ、それは漢方医遠田澄庵の療法でこの開明の時代（文明開化の近代社会）にそんな古い考え方があるかと笑って取り合わなかったらしい。

しかし、重地は大分県や兵庫県の監獄で麦飯支給をしたら効果があったことをさらに説明を重ねた。どちらも監獄勤務者や医師からの話であることを明かすと、堀内はそれが大いに気になった様子だった。そのころ神戸市では脚気がはやり、巡査や書生、人力車夫なども次々とかかった。ところが監獄では一人の患者も発生しなかった。堀内はこれを聞いて兵庫県監獄で行なったことを調査するように重地に命じた。さらに各地の監獄にいまでいうアンケート調査を実施した。

その調査項目と結果は次のとおりである（一部略す）。

患者の発生数については、明治一五年には七〇人、一六年は一七人、一七年はなかった。食糧の区別については軽役（労働）四合（六〇〇グラム）、並役五合（七五〇グラム）、強役七合（一一五〇グラム）を支給、ただしすべて麦六分、米四分の割合で米麦を混ぜている。献立については、朝は味噌汁、昼は漬物、夕は煮しめで日曜や祝祭日には牛肉、もしくは魚肉五五匁（二〇六・二五グラム）を支給する。脚気にかかる男女の区別や年齢を調べると婦女の罹患は稀で、年齢は一五歳以上三〇歳以下の者に多いということだった。

堀内利国の大阪鎮台での実践

監獄の食事は下等白米、副食費は兵卒の六銭に比べて四分の一の一銭五厘である。衣食住すべてで兵卒の方が条件はよいのに、かたや脚気の大発生、かたや皆無。これでは原因は麦食の効果しかないと考えられた。

明治一七年一〇月、堀内は鎮台司令長官山地元治《やまぢもとはる》少将（のち中将・子爵）に、一年間に限り実験的に麦飯を下士兵卒に支給したらどうかと上申した。ところが、当時の部隊長たちの間には麦飯に対しての偏見があった。「麦飯は民間の粗食であり、それを忠良なる兵士に食べさせるのは情において忍びない」というのだ。

堀内はそれでも熱心に説き続けた。このとき、多くの反対を抑えて米麦飯の支給に賛成したのは、鎮台参謀長山根信成《やまねのぶなり》歩兵中佐（のち少将・男爵）と歩兵第八聯隊長小川又次《またじ》大佐（のち大将・子爵）だったという。

ようやく一二月四日に山地司令長官からの達が出て、五日から隷下諸隊では混入率四割で米麦飯が支給された。

結果はたいへんよいものだった。明治一六年には四二・八二パーセント、一七年が三五・五三パーセントの発生率だったが、一八年の末にはたった一・三二パーセントになった。このころ、東京鎮台の歩兵第一聯隊には九五七人、千葉県佐倉の歩兵第二聯隊には二八五人、仙台の歩兵第四聯隊にも二七二人の患者がいたという。当時の鎮台歩兵聯隊の下士兵卒定員は約一五〇〇人であるから高い発生率であることが分かる。それが大阪鎮台ではわずかに二〇人ほどでしかなかった。

これに勢いを得た堀内はさらに麦の支給を続けることを提言し、大阪鎮台では脚気は明治一九年には〇・五六パーセント、二二年にはついに〇・一〇パーセント、以後〇・〇三、〇・〇八、〇・〇五と数値は一パーセント以下であり、ほぼ脚気患者は鎮台にいなくなったといっていい。

この事実を知った堀内の義兄近衛軍医長緒方惟準《これよし》は、近衛都督《ととく》（のちの近衛師団長）の許可を得て、明治一八年一二月から麦を三割混ぜた飯米の支給を始めた。これもまた好成績を挙げ、一七年の四八・六六パーセント、一八年の二六・九八パーセントから翌一九年には二・九一パーセントと患者発生率は激減したのだった。二〇年には九・八四パーセントとやや上がったが、二一年の二・七二パーセント、二二年からは〇・九六、〇・二五、〇・一三、〇・三二と毎年下降を続け、二五年には〇・一六パーセントと近衛兵の間にも脚気患者は珍しいものになった。

この方法は、すでに陸軍中央が明治一七年五月に出した「精米ニ雑穀混用ノ達」によるものである。米だけを支給しなくてもよいとした訓令だった。米に比べれば値段の安い麦を買うことで、余った差額を副食費の充実に回す工夫だった。

大阪鎮台、続いて近衛兵での実験成果を見て各鎮台でもそれぞれ比率はさまざまだったが、主食に麦を混ぜるようになった。

明治一九年以降の陸軍全体での脚気患者数減少はその効果であることは明らかである。陸軍総兵員数（下士を含む）は明治一七年で約三万七〇〇〇人、患者発生率は二七・七パーセント、死者は二〇九人だった。それが部隊の現場で麦飯を支給し始めた明治一九年にはそれぞれ三・九パーセント、四四人に減る。二二年になると総兵員数五万一〇〇〇人で発生率一・七パーセント、死者は三九人となり、二五年には発生率〇・一パーセント、死者はゼロとほぼ脚気は撲滅できたといっていい。

なお、明治天皇は大阪鎮台で脚気予防に成功したことを聞き、明治二〇年二月に堀内を大阪偕行社に呼んで、脚気対策の実情について報告させた。堀内はその報告を喜ばれた天皇から聖旨《せいし》を賜った。

米害毒説に石黒軍医本部長の反論

東京にあった陸軍軍医本部では各鎮台や部隊からの報告を聞き、それをどう受け止めていたのだろうか。まず、当時の軍医界は新進気鋭の森林太郎（鴎外）にいわせれば、幕末に青年であった「天保世代」が佐官、将官の主流になっていた。維新の前後の混乱期に主に蘭学や英学から医学を学んだ人たちである。上層部はそうした人たちで占められ、尉官以下の下級者には漢方医も混じっている時代だった。

その天保世代の代表的な存在が松本順や石黒忠悳という顕官《けんかん》らである。石黒は軍医本部長になっていたが、彼は熱心な「伝染病説」の信奉者だった。石黒は米の害毒説を唱える漢方医遠田澄庵とも親しかった。官立脚気病院（明治一一〜一五年）でも仕事上の同僚だったし、実際、仲のよい親しい友人でもあった。

ただ、石黒は個人的な感情を抜きにして遠田説に反対していた。

「米に毒があるなら、なぜ、国民の大多数が脚気にかからず、一部の者だけが患者になるか。男に多く、女に少ないのはなぜか。二〇歳から三〇歳の男に多く、四〇歳過ぎにはなぜ少ないか。どうして兵隊や学生という二〇歳前後の年齢で、寄宿舎や兵営など群居する所にことさら多いか。なぜ年によって流行に激しい差があるのか」

というのが反論である。まことに正論であり、米の害毒説に真っ向から向き合うものだった。

脚気が多発するのは、貧しい副食と白米を主食にすることに原因がある。白米そのものが害毒を持つのではない。確かに白米は玄米や粗精米よりもビタミンB1の含有量が少ない。ビタミンB1が少ない副食に、同じくビタミンB1が少ない白米という食事が組み合わさって欠乏症を起こすのが脚気のほんとうの原因だった。

ビタミンB1が少ない白米ばかりを食べていても、副食で十分なビタミンB1をとっていれば脚気にならないのは、現代のわれわれがみなそうであることで分かる。もし、現在でも副食を昔のように漬物や味噌汁だけにすれば、すぐに脚気は大発生するであろう。当時、大阪や東京の商店に田舎から奉公にきた若者が脚気になったのは、その勤め先から支給される貧しいおかずのせいだった。

ではいったい健康体であるためにはどれくらいビタミンB1を一日にとればいいのだろうか。厚生労働省が発表した平成一九年の数字がある。身長一七一センチメートル、体重五三・五キログラムの一八歳から二九歳の男性の基準値は一日一・四ミリグラムである。米の含むビタミンB1は可食部一〇〇グラムあたり玄米では〇・四一ミリグラム、精白米ではこれがおよそ五分の一の〇・〇八ミリグラムにしかすぎない。これを兵卒の支給量である精白米六合、九〇〇グラムとすればわずか〇・七二ミリグラムである。これがもし、玄米であったなら三・五ミリグラムものビタミンB1を摂取できることになる。

石黒が遠田の米害毒説に不審を持つのは当然だった。だから、副食の改善を提言する軍医本部の意見を陸軍中央がいれていれば、精白米を主食とすることによる脚気は少なくなり、石黒の正しさ（米に害はない）はかえって証明されたかもしれない。

麦飯について石黒はどう考えていたか。麦飯がよいという主張には石黒は三つのパターンがあるという。

「ひとつには脚気は米の中の毒から起こるから米を食わしてはならない。米の代わりには稗、粟、麦があるが、麦がいちばん国内でとれている、しかも米に次いで味がよい。だから麦を食わせる。第二には理由は分からないが麦を食べさせると脚気が治る。そこで麦がいいという。第三には脚気は食物の調和がよくないからかかる。日本食は米が多いから窒素と炭素の比率が悪い。麦は米より窒素を多く含むからこれを食べさせると脚気がなくなる」

三番目の説は、高木などが唱えた説であり、明らかに海軍を意識していることが分かる。これについても、「一応は科学的だが、科学的な学問上の実験が学問界に公開されていない」と批判を忘れてはいない。

繰り返すが、当時の陸軍軍医界も困惑の極みにあった。一日六銭という副食代は増やせない。予算不足で上層部が賛成しない。おかげで食事の改善はできない。そこへ麦飯を食べさせよという軍内世論の存在がある。事実、軍の幹部の中にも遠田澄庵のファンも多く、麦飯支給を望む声もあったという。

麦飯は害にはならない。だから現場の部隊の裁量で食べさせることは禁止できない。しかし、脚気予防のために米食を禁じて麦を食べさせよという命令は出せない。そこで、自由にさせて、麦と米の差額分を少しでも副食の充実に向けさせようと軍医部門では考えたのである。このことは石黒も認めたことであり、陸軍中枢にそれを働きかけたのも石黒であった。

米ニ雑穀混用ノ達

明治一七年九月二五日、陸軍省令「精米ニ雑穀混用ノ達」が出された。海軍はこの年の初め、「食品を指定した現食給与」を採用した。また、高木のつくった献立による「筑波」の実験航海中のことである。

この訓令の内容は、

「兵食は一日精米六合金六銭で賄うように規定されているが、今後は麦、小豆その他の雑穀類を混ぜて支給しても構わない。なお、精米定量より生まれた残米代は時価で下げ渡すので、賄い料に加え魚菜代に支弁すべし」

というものだった。

ここで興味深いのは、麦も小豆もいずれもビタミンB1を多く含んでいることである。民間では一部の地方で、毎月一と一五の日には小豆飯を食べる習慣があったという。経験的に生まれた脚気対策でもあったのだろうか。

なお、ここでいう麦は大麦である。大麦でもヨーロッパで主にビールの原料になるのは二条大麦で、わが国で食用になっていたのは五条大麦だった。稲の裏作として明治時代にも小麦の作付面積が四七万町歩（約四七万ヘクタール）に対して大麦は同一三〇万町歩と三倍近い普及があった。用途は農村部では主食と米との混炊用で白米は換金され、都市部に送られた。そのため麦飯は格の低い洗練されない地方の食品とされ、そうした偏見が定着してしまっていたのである。

このことは昭和の時代でも続いていた。昭和二五年のことである。国会答弁で当時の池田勇人大蔵大臣（のち首相）が、「所得に応じて、所得の少ない人は麦を多く食べ、所得の多い人は米を食うというような経済の原則に副った方向に進めたい」と述べた。その発言は新聞の大見出しに「貧乏人は麦を食え」と掲載されて、政治家による国民軽視、蔑視として大騒動になった。それほど麦飯への下級な食事といった偏見は大きかったのだ。

帝国軍人は名誉ある存在であり、徴兵で集められた兵卒は国民の聖なる義務を果たしている。そういった存在に粗食である麦を食わせるのは……といった感情も当時は当たり前だったのである。

第五章　森林太郎の登場

森の医学研究のパラダイム

森家、期待の星

高木説への攻撃の最先鋒立ったのは陸軍軍医森林太郎（鴎外）である。本稿では軍人としての森軍医総監に敬意を表して、森、あるいは林太郎という呼び方に統一する。

明治二〇年代、陸海軍ともに、それぞれの方法で脚気を減らしていった時期までの森の履歴について紹介しよう。

森家は石見国《いわみのくに》津和野《つわの》（現島根県）亀井家（四万三千石）の代々奥医師だった。家禄は五〇石であるから中藩の家中として決して低い方ではないが、高いというわけでもない。森林太郎の祖父は脚気衝心で亡くなった。文久元（一八六一）年に藩主の参勤交代に際して、脚気症状が出て帰国の旅に同行できず、遅れて江戸を発った。近江国土山宿《つちやましゅく》（滋賀県）でついに倒れ、そこに葬られた。森が初めて祖父の墓に詣でたのは明治三三年のことだった。

当主を亡くしたものの森の父は、家付き娘の養子になり無事に跡目を継いだ。祖父の死の翌文久二（一八六二）年に森林太郎は生まれた。森と深く関わることになる西周助（のち周、一八二九～一八九七年）は林太郎の曽祖父の次男である藩医西時義の長男である。林太郎の父の従兄になる。このとき西はすでに幕臣としてオランダへ留学しているころだった。

林太郎は幼い時から勉学に励み、父母の期待に応えた。代々女子に婿取りだった森家にとって久しぶりの男子誕生であり、林太郎は期待の星だったという。

明治五年に西の勧めにより父と上京した。林太郎は神田小川町（東京都千代田区）の西邸に下宿し、本郷（文京区）の進文学舎に通ってドイツ語を学んだ。明治七年一月には第一大学区医学校（五月には東京医学校と改称した）予科に入学し（このとき年齢を二歳偽った）、明治一〇年四月、東京大学医学部本科生となった。同一四年七月九日、わずか一九歳五か月で東京大学医学部を卒業する。

卒業成績は三〇人中の八位だった。すでに陸軍医官だった同級生の小池正直の勧誘、後援者であり陸軍省の高官だった西周からの勧め、家族の希望などがあり、森は卒業後、五か月後に陸軍軍医になった。このとき、陸軍軍医副（中尉相当官）として東京陸軍病院に配属され、軍医本部に籍を置いた。

ほかの同期生たちと異なり、中央に長く置かれたのは森をいずれ留学させようという計画があったのか、それもドイツ語が非常にできたという評価もあることからだろうか。同期生が医療の現場の第一線にあるこのとき、森はドイツ留学を命じられた。

ドイツ留学

明治一七年八月二三日、東京を出発、一〇月一一日にベルリンに到着する。そこで滞独中の軍医監橋本綱常に面会し、森は橋本から衛生学を専攻するよう指示された。とりわけホフマンの下で食物栄養学を学ぶことになった。それは出発前に石黒から与えられた「兵食研究」の目的にも適うものだった。

森はドイツ留学を通して「実験生理学的方法」を身につけた。

この時代のドイツ医学の勢いは華々しかった。一九世紀の前半までにフランスの臨床医学派は勢いを失い、ドイツの基礎医学派が西欧医学界を牽引するようになっていた。国力をつけつつあったアメリカからも多くの留学生がドイツにやってきている。

細胞学のテオドール・シュワン（一八一〇～八二年）、組織学者ヤコブ・ヘンレ（一八〇九～一九〇二年）などが出て、各種の病菌がドイツ人医学者によって発見された。破傷風（一八七八年）、淋（同七九年）、チフス（同八〇年）、丹毒《たんどく》（同八三年）、ジフテリア（同八三年）、肺炎（同八四年）、結核（同八四年）、髄膜炎《ずいまくえん》（同八七年）の各種菌である。

森はライプヒチのホフマン教授の下で明治一八年一〇月まで、ドレスデン工業高校衛生学のロス教授には同一九年三月まで、ミュンヘン大学のペッテンコーフェル教授に同二〇年四月まで、続いて同二一年七月までベルリン大学のローベルト・コッホ教授に指導を受けた。コッホの教えを受けたのは北里柴三郎《きたざとしばさぶろう》の紹介だったという。

森の研究に対する方法論、あるいはパラダイムの形成はミュンヘン大学のペッテンコーフェル（一八一八～一九〇一年）の下で培われたようだ。パラダイムとは、それまでの研究者自身の経験を総括したもので、科学観、人生観、世界観を主内容とする。もともと科学の研究はパラダイムに沿って行なわれるものであり、科学者ならばこれなしには意味のある観察や研究を行なうことはできない。森もまた自他ともに認める医学者であり、科学者である。のちにみられる森による高木の脚気研究に対する反論的態度こそ、森自身のパラダイムを十分にうかがわせるものだった。

ペッテンコーフェル教授は医化学出身の衛生学者であり、精密で実験生理学的な方法を重んじ、統計的・確率的に結論を下す学風だった。

このドイツ留学時代にまとめたドイツ語による論文を森は生涯誇りにしていた。こうした論文を書いた者だけが医学者であり、ほんとうの医師であると森は折あるごとに語った。その言葉は彼が帰国後に高木たちが主宰していた私立医学校や、医師開業試験への反対論の中にもしばしばみられる。

ミュンヘン時代には『ビールの利尿作用について』『アグロステンマ・ギタゴの毒性とその解毒について』の二論文を書き、ベルリン時代には『下水中の病原菌について』をまとめ、合計三本を高名な医学論文集に掲載したという。森自身、「真にexactな業績」だと誇っていた。最近の研究では、『ビールの利尿作用については』を再検討した学者もいて、それによれば森の実験・統計の杜撰《ずさん》さが指摘されてもいる。

帰国後、陸軍軍医学舎の教官

東洋の未開国からきた、語学だけが得意な青年陸軍軍医が見たものはドイツの立派な研究設備だった。当時のドイツ帝国は教育施設や実験施設に十分な国費を投じ、研究員や教官にも十分な給与や研究費用を与えた。データが揃えば、教授をはじめ実験者どうしの真摯な討論がされ、専門誌に発表し、国際的な評価を得たものだけが学者の仕事であると教えられたのだ。

そうした森から見れば、英国流の「疫学的研究法」をとった実用主義的な研究など、胡散臭いものにしか映らなかったことだろう。研究室を使わず、いきなり患者のいる現場で、生活環境や罹患率を調べるようなやり方は、病気の原因を追究する方法としてはあまり役に立たないと思っていたのだ。森は帰国後の論文の中で次のように書いている。

「自然科学とその一部たる医学とは、純然たる実験の学なり。故にこれが一歩を進めんと欲するには一実験（エキスペリメント）を要す」

つまり、実験室で試験管を振り、顕微鏡を覗かなければ医学者ではなかった。森は英国や米国の実学とは経験的医学にしかすぎない、基礎医学的な土台がない、自然科学やその研究法とは無関係であり、真理を解明して学説に発展などできるものではないというのである。

欧州視察から帰国する石黒忠悳とともに日本にもどったのは明治二一年九月のことだった。すぐに陸軍軍医学舎の教官になった。

なお、森と高木はあまり知られていないことだが、じつはいっとき姻戚関係にあった。高木は明治五年に恩師であり上官である石神の媒酌で、外務省官吏瀬脇寿人《せわきひさと》の長女・富子と結婚した。その妹は西周の養女となったのである。その後、彼女は実家に帰り海軍軍医豊住秀堅《とよずみひでかた》と結婚する。西家と森家はもともと親戚であるから、森と高木の縁はつながったが、互いにそれを意識した記録はないようだ。

海軍の「洋食採用論」を否定

東大医学部からの高木への攻撃

「洋行帰り」という言葉は、いまの「海外留学者」などとは比較にもならないほど社会から注目され、期待もされたものだった。早熟の秀才であり、陸軍軍医界の期待の星だった森は当時一等軍医（大尉相当官）である。

これ以後も陸軍衛生部武官の階級などはしばしば出てくるので紹介をしておこう。森が帰朝したころは、明治一六年の太政官達による官等名時代である。

軍医の最高位は、まだ兵科少将級の軍医総監だった。大佐級は軍医監、一等軍医正、二等軍医正はそれぞれ中佐・少佐相当官である。大尉相当官は一等軍医、以下二、三等軍医がそれぞれ中尉・少尉級だった。薬剤監は明治一九年に制度改革があり、最高位は少佐相当官、尉官級に一・二・三等薬剤官が置かれ、それぞれ大・中・少尉相当官である。准士官の制度はなく、下士は曹長級の一等看護長、軍曹級の二等看護長、伍長級の三等看護長となり、明治二一年から一〜三等の調剤手が新設された。

森の帰国は明治二一年九月八日のことである。それから四日後、一二日に陸軍将校の親睦・

研究団体である偕行社《かいこうしゃ》で帰朝演説会が開かれた。ところが詰めかけた聴衆は期待を裏切られた。森は欧州軍隊の例を引いて、上官の裁可《さいか》を得てから発言するといい、その日は講演をしなかったのだ。東京大学の山下政三氏は、これにも石黒の意が働いていたと推理している。石黒は高木が推進する「麦飯支給」について大きな不快感を持っていたからだ。十分な準備をして海軍の麦飯採用について学問的裏付けがないことを発表せよ、とでもいったのではないだろうか。

帰朝演説は二か月後の一一月二四日、大日本私立衛生会で行なわれた。会場は大混雑で多くの人が集まった。そこで語った新帰朝者森の意見は、彼が脚気の病因論争に引きずり込まれる結果をもたらした。

すでに森は留学中に『日本兵食論大意』を執筆し、船便で軍医本部に送っていた。海軍の高木の施策、「洋食採用」批判を念頭に置いたものだった。それを軍医部中枢にすでに送っていたのである。石黒はそれをわざわざ明治一九年一月の陸軍軍医学会で代読している。自分の意によく適っていると喜んだ結果だろう。

森はこの論文で、陸軍は海軍のような兵食改革を採用できないという。以下がその要旨である。

（一）白米中心の和食を洋食に改めるのは、五千人の海軍兵ではできるだろうが、五万人の陸軍兵では不可能である。
（二）洋食を調理する厨房の道具や機器の調達やその扱いに問題がある。なかでもパン焼き窯は軍艦には備えられるが、陸軍の輜重車には載せられない。
（三）軍艦が碇泊する港では洋食に用いる材料も集められるが、陸軍が駐屯する内陸部ではそれも難しい。

さらに日本食を構成するのは、米、魚介類、豆腐、味噌、醤油と野菜であるといい、そこに含まれるタンパク質や脂肪、含水炭素の量を算出した。その結果を、来日中のエイクマンが行なった陸士生徒の食事調査の数字と比べて、欧州諸国の兵の食事と大差なしと主張したのだ。白米を中心にした従来の兵食は「世界で最も進んだドイツ栄養学」において問題はないとしたものだった。

これは当時、脚気は伝染病であるとし、兵舎の環境衛生や兵卒の保健指導に取り組んでいた軍医界上層部、石黒たちを十分に喜ばせるものである。森はまた、東大教授であり、ドイツ留学の先輩でもある大沢謙二の説を正しいとして、高木の主張を強く否定してもいた。

高木への東大生理学教授大沢謙二の反論

明治一八年四月、高木兼寛は医学界に脚気の原因と対策を発表した。

「食物の窒素（タンパク質）と炭素（炭水化物）の定規比例が失われると脚気になる」という彼の持論を語ったのである。明治一五年の軍艦「龍驤」の脚気大発生と翌年の「筑波」の脚気非発生の事実を挙げ、その航海での食物の比例の差を証拠として示していた。

素人、医学の門外漢は、この勇敢な仮説と実践の成果に大喝采を送ったが、医学者たちはそうはいかなかった。高木の発表は、当時の栄養学の考えにはなく、臨床医学の考えにもない。

高木の説の裏付けは脚気を発生した食物にはタンパク質が少なく、炭水化物が多かったということである。そこでタンパク質が多く含まれる洋食を支給し、次には白米に麦を混ぜたら脚気が減ったというものである。これだけのことで、脚気の病因が特定されるというのは、確かに、あまりに粗雑すぎる、短絡的な考え方だとされたのは当時としては仕方ないことでもあった。

批判の声は東大医学部から上がった。衛生学者の緒方正規《まさのり》（当時、東京大学御用掛兼内務省御用掛、明治一九年に帝国大学医科大学教授）は「脚気菌」を発見したと論文を公表。そして東京大学生理学助手という若手研究者も栄養分析の立場から、「米糠《こめぬか》は麦よりはるかにタンパク質に富んでいる。なぜ、糠を食べないのか」と論文の中で露骨な嫌がらせのような言葉を投げている。ただし、緒方は菌発見の誤りをのちに指摘された。

興味深いのは若手の「糠」への言及である。白米が玄米や粗精米よりビタミンB1の含有量が劣るのは、精米の過程で胚芽や糠を取り除いてしまうからだった。ただし、糠そのものは味も悪く、一七世紀には糠味噌をそのまま食料にすることがなくなってしまっている。糠を食べれば脚気にはかかりにくくなる。ただし、それはタンパク質のせいではなかったのだが。

続いての批判者は超大物である。大沢謙二は愛知県豊川市の出身、藩医の養子となり幕府医学所に入る。そこで石黒とは同僚になった。ドイツに前後二回留学し、衛生学の研究の最先端にいた。いまもわが国の衛生学の創始者としてその名が残っている。その正論にはうなずけるものもある。大沢の論文の要旨をみよう。

「まず、栄養が不良のときには病気も増える。栄養不良では病気に罹りやすい（病気の感受性が増えるという）。ただし、同じ食物を食べても病気になるときとならないときがある。コレラの例を挙げればそれは分かる。わずか一年（「龍驤」と「筑波」の比較）の経験では確かな証拠にはならない。今後、同じことが起きても、それは脚気病の誘因（感受性）を減らしたためであって、原因を根絶せしめたわけではない」

「さらに食物改良ということでは、高木君はわれわれの食事は炭素が多すぎて、窒素が足らないから肉を食えとおっしゃる。肉が嫌いか、高価だというなら、麦は窒素量が多いからパンにして食べよという。ここまでは私（大沢）も同意見である」

ただしと、栄養学の立場からの意見を出した。

「確かに麦は米と比べれば窒素が多い。しかし、ヒトによる消化試験を行なうと、麦飯の一五パーセントから二〇パーセントは不消化分となって体外に排出されてしまう。麦飯の不消化分は米飯の四倍にもなる。また米飯のタンパク質の消化と比べれば、麦飯のタンパク質の不消化なことは米飯の三倍にもなる」。だから、「六合の飯より得る所の蛋白質は八匁余（三〇瓦＝グラム）なれども、同量の麦より得る所は七匁（二六・二五瓦）にすぎず、是即ち麦飯を以て米飯に代ふるは不可なり」という。

さすがに消化吸収試験という医学的な実験で高木の説を否定していた。

この意見は、高木の「机上の空論」を痛撃した。高木は食品分析表だけをあてにして窒素と炭素の比例不良を主張したが、消化・吸収という視点をまったく考慮していなかったのである。食物は体内に入れても、それがそのまますべて吸収、利用されるわけではない。

この反論に対して、高木は沈黙せざるを得なかった。

やはり、当時の学問水準でも高木の説がそのまま正しいと思い込むことには誤りがあった。

しかし、海軍では確かに脚気は減り続け、対症療法としての麦飯支給は間違っていなかった。

高木は学界では反論もせず沈黙していたが、海軍は麦飯の支給を続け、副食の改善も続けていたのだった。

森の帰朝報告

大日本私立衛生会で行なった森の講演「非日本食論ハ将ニ其根拠ヲ失ナハントス」は、ひたすら海軍の麦飯支給を否定するものだった。欧州で学んだ新知識を惜しげもなく披露し、聴衆の目から鱗が落ちるような説を発表したのである。その要点は次のとおり。

（一）昔の学者は、肉は麦より窒素（タンパク質）が多い、ゆえに肉が麦に優っている、麦は米より窒素が多い、ゆえに麦は米に優っているといった。しかし、いまでは、ひとつの食物が人を養うものではないことが知られている。なぜなら、ひとつの食物ではタンパク、脂肪、澱粉などさまざまな成分をすべて十分に与えることはできない。多くの食物が調和してはじめて人体を滋養するからである。

（二）日本食と西洋食の違いはどこか。これまでの学者は両者を比較し、成分を調べ、栄養学の大家であるフォイト（一八三一～一九〇八年・ミュンヘン大学生理学教授）が発表した「食の標準」を元に、その過不足を論じてきた。日本人の平均体重が西洋人のそれの六分の五であることから、フォイトの出した数字に六分の五をかけた数値を使ってきた。それによれば日本人の健康人一人一日の食物中に必要とする成分はタンパク九八グラム、脂肪四八グラム、澱粉四一七グラムという結果が出た。
（三）このフォイトの試験法で日本食を調べたところ、タンパク六五〜一一五グラム、脂肪六〜三一グラム、澱粉三九四〜六三五グラムだった。タンパクは比較的少なく、脂肪は非常に少なく、澱粉が異様に多い。しかし、ルプネル（一八五四〜一九三二年・フォイトの高弟、「エネルギー等価の法則」を発見、カロリーメーターを使って「生理的熱量」を確定する。森のミュンヘン大学留学前後に活躍した）の脂肪と澱粉の流用の法則の発見以後、この二つの栄養素の多少は問題がなくなった。

さらにドイツでは新しい研究の流れが起こり、より新しい検食法が用いられるようになっている。それらはプフリューゲルらの研究であって、その定めた新しい基準ではフォイトの一一八グラム（一日の必須タンパク量、以下同じ）より少ない九六グラムが平均である。これを日本人用の数値に直せば八〇グラムとなり、日本食の平均が六五〜一一五グラムならその平均値九〇グラムをとれば不消化分があっても八〇グラムの需要に不足することはないだろう。

こうした新進気鋭の栄養学を語ったことで森の評判は大きく上がった。森の思考法はいつも同じで、常に世界的な権威者の業績を自分の主張の背後に置いた。いつも権威ある存在の言葉を使って、それと同調することで自分の正しさを主張しようとした。

欧州第一、というより世界の最先端を行くドイツの大学教育を自分は受けた。その自負心からみれば、医学では二流の英国、そこの大学でもない医学校出身の高木や海軍軍医たちのことなど学者であると認めるわけもなかった。高木などは地方公立医学校（府県立医学校）を出た程度の、彼のいうところの「便法医（とりあえず医師である者）」でしかなかったに違いない。森は東京大学本科を出た者だけが本当の医師だと信じていた。もちろん、そのなかでもドイツ留学経験者はさらに別格だった。

だからこそ、森は演説の中で次のような言葉で高木を批判した。

「みだりにローストビーフに飽きることを知らないイギリス流の偏屈学者のあとについて非日本食論を唱え……われわれ日本人は有り難い一九世紀に生を受けながら、どうしてある権力者の説をすぐに認めて『ドグマ』としてしまうのか」

英国流の偏屈学者とは、英国留学から帰り、西洋食を首唱していた高木である。権力者とは誰を指すかというのも、二年前に東京大学から医学博士号を受け、海軍軍医総監（少将相当官）である高木ということはすぐに分かる。

陸軍の脚気対策

それにしても、この森の講演は少しも脚気とは関係はない。まったくの栄養論であり、日本食にはタンパク質が十分か、不足しているかの議論をしているだけだ。講演を後押しした石黒は伝染病説を長くとり続けてきた。陸軍の脚気対策としてさまざまな手を打ってきたことから、海軍の麦飯支給による脚気患者の減少が納得できなかったのだ。

細菌がはびこらないように軍医たちは兵舎内の環境が清潔であることを重視した。兵舎内外のゴミの始末や下水の清掃などをうるさく指導した。夏にはできるだけ兵卒の脚絆《きゃはん》を取らせた。当時の軍服のズボンは裾をまとめ、軍靴《ぐんか》（短靴《たんか》）とふくらはぎ部分を一体で覆う脚絆を着けていた。それを外させたのは脚部を楽にさせるためである。兵舎内では椅子を使わせずあぐらをかかせ、脚を自由に動かしてもよいとした。これも脚部にうっ血を防ぐためだった。部屋の換気をよくする。そのためには兵舎の改築も建議した。訓練は涼しい時間に行なわせる。体力の温存と汗をかかせないようにするためである。食物に注意させ、できる限り滋養のある物をとらせる。これらは当時の伝染病対策としては、たいへん有効な方法ばかりだった。

だから、石黒は帰国した森が「洋食」を否定し、「麦食」の無効性を科学的に分析したことがうれしかったに違いない。すでに森は『日本兵食論大意』で、「日本食はよい、米食で栄養は十分とれる。洋食に変える必要はない。麦飯は消化に悪い」と主張していた。

ただし、森は少しも脚気問題にふれてはいない。消化・吸収の面からみても米の方が麦よりはるかに栄養はよい。タンパク質の摂取に少し気をつければ、日本食は小麦・肉中心の西洋食より優れていると森は本気で思っていたに違いない。

この考え方は、まだビタミンが発見されない時代では、まったく正しい認識であり、米飯に豊かな副食を合わせれば確かに脚気もなくなったことだろう。いま、健康食として世界中で和食が人気だという。タンパクや脂肪の過剰摂取で悩む人々、欧米人にも日本食は確かに有効だということだ。

それにしても森はたいへんな損をしたといっていい。脚気と結びつけて受け取られてしまったからである。米食は悪くないといったことから、日本食は脚気と関係がない、米飯は脚気の原因ではないと森は語ったとねじ曲がって受け取られた。とくに高木の洋食採用論を否定したために、まるで海軍の脚気対策を否定したかのように伝わってしまったのである。

この講演以降、森は陸軍の米食主義の代表者のようにみられた。のちの戦時の脚気死亡者について「戦争犯罪人」のようにいわれるようになってしまった。それはいささか不当な攻撃であり、彼の陸軍軍医としての権限の範囲や業績を無視しているように思える。

日清戦争の脚気の惨害

森による陸軍兵食試験

明治二三年、陸軍の脚気患者数が五二二人に減り、死者も二九人になった。前年には五個師団で麦飯の支給が完了しており、明らかにこの処置の効果だった。このころ新しい内閣官制の下で、陸軍では衛生制度の所管部署が軍医本部から医務局に改められた。局長は橋本綱常である。

明治二二年六月に橋本軍医総監は「兵食試験」を大山巌陸軍大臣に上申した。もちろん黒幕である石黒の計画によるものだが、その趣意は「最新の衛生学の方法で本邦の兵食を試験し、その結果をみて兵糧の標準案を立てる」というものだった。

ドイツ留学から帰国して九か月、軍医学校教官兼ねて陸軍大学校教官も務めていた森林太郎に活躍の場が与えられた。七月には森を主任にして二人の薬剤官が試験委員に任命された。

試験は第一師団から選ばれた兵卒六人に各種の食事を与えるものだった。米飯、麦飯（ただし米麦混食）、洋食（パンと肉）をそれぞれ八日間食べさせた。毎食の摂取量を測り、タンパク質、脂肪、炭水化物を分析して、総熱量（カロリー数）を計測した。あわせて大小便を採取して排泄窒素量を測る。そうして摂取タンパク質（摂取窒素）と排泄窒素から窒素の出納量を計算した。同じようにタンパク質の出納量も計算する。また、尿の中の硫酸と硫黄を測り、体内の酸化作用の強弱を判定している。

その結果は翌年から次々と発表された。その報告内容は詳しく検査数値が記され、まさに森の学問に対しての誠実さと熱心さを示すものだった。それによれば、カロリー値（熱量）、タンパク補給能力（窒素出納）、体内活性度（酸化作用）のすべてで米食が最も優れていた。米麦食がこれに次ぎ、洋食が最下位になった。

これを医務局長、軍医総監に昇進していた石黒忠悳は大山陸軍大臣に「試験報告表」として提出した。石黒はそれに添えた文章の中で、この研究は特派された才能ある留学生（森のこと）が、現在衛生学で世界から最高権威とされる名家に親しく教えを受けた結果であるといい、習熟させたその理論と実験法を用いて、欧州軍隊でもされていない試験を行なったと自賛している。白米六合と菜代六銭でまかなわねばならない兵食の中では、最も従来の白米食が優れていることが科学的に証明されたことがうれしかったのだ。

日清戦争が始まる

わが国の防衛は地政学的にも多くの困難がある。南北に長い国土、四面環海の島国だから海岸線が長く離島も多い。わが国単独で専守防衛を完遂しようとすれば、よほど膨大な兵力を持つか、侵攻された地域へ迅速に兵力・装備を送り込む輸送力や、部隊の機動力が必要とされる。それらを仮に十分に整備したとしても、侵攻されたとき生起するわが国民の悲惨さはどうか。異国の軍隊は過去に何をしたか。鎌倉時代の蒙古・高麗軍の侵攻による対馬、壱岐の悲劇はいまも伝えられている。また、本来の国土内でただひとつの戦場になった沖縄の悲劇もある。

わが国が維新の後始末に悩んでいた明治一〇年代、清国は強大な海軍を備え始めた。欧州に発注した世界でも優れた最新の軍艦をそろえ、軍港の諸施設・設備も買いそろえたのだった。

明治二一年五月、陸軍は鎮台を廃止、「外征型」の師団編制に部隊を改組した。すでに明治一五年、陸軍は軍備拡充計画を立て、同一八年から実行する予定だったが、朝鮮情勢の緊迫のため明治一七年から一〇か年計画で近衛、第一から第六師団までの合計七個師団を整備することとした。

また、明治二二年一月には徴兵令に大改正を加えて、兵役区分を常備・後備・補充・国民兵役として動員組織を整えた。戦時には平時の三倍以上の兵力を組織できるよう計画し、清国との戦争に即応できる体制を築き上げていった。

明治二七年五月、清国が朝鮮内乱の鎮圧を口実に兵力を派遣した。わが国もただちに大本営を設置、先遣隊（大島旅団）を出動させた。七月末、陸上では京城南方、海上では豊島沖で両軍は衝突し、日清戦争が始まった。

第五師団（広島）主力が朝鮮に渡り、大島旅団も指揮下に入れて京城から北上した。九月には平壌を攻撃、占領する。続いて第三師団主力が到着し、あわせて第一軍を編成し、一〇月に鴨緑江付近の清軍を撃破して満洲へ進攻した。

この間、九月には聯合艦隊が黄海海戦で勝利を収め、黄海の制海権を手にする。第二軍（大山巌大将）は遼東半島の花園口に安全に上陸し、一一月に旅順を占領、あわせて一部兵力を海城に派遣、第一軍の苦戦を救援した。九月一五日には大本営は広島に進出して全軍の統帥にあたっていた。

翌年二月、第二軍主力は清国海軍の根拠地、威海衛を攻略した。海軍は世界で初めての水雷艇による夜襲を敢行し戦果を挙げた。三月には第一、第二軍が協力して遼河河畔の田庄台付近で清軍を破った。

大本営は、旅順に大総督府を進ませ、清国中心部の直隷《ちょくれい》平野においての第二期作戦を準備したが、四月一七日には下関講和条約が調印されて戦争は終わった。しかし、新たに領土になった台湾では割譲に納得しない現地軍や住民たちが反乱を起こし、「領収戦争」といわれる戦闘が長く続いた。

日清戦争時の軍人数

開戦の直前の明治二六年一二月のわが国の人口は「帝国統計年鑑」によれば、男二〇九〇万五四五五人、女二〇四八万一八四八人、合計四一三八万七三〇三人だった。およそ三〇〇〇万人といわれた江戸時代から、わずか一世代で四割近い増加である。文明開化は明らかに国民を豊かにしていたのだ。

明治二二年に改訂された「徴兵令」によれば、満二〇歳の壮丁のうち合格者は陸軍三年、海軍四年の現役の後、陸軍四年、海軍三年の予備役に服する。これを常備兵役といい、その後、満五年の後備兵役を務めた。男子は誰もが満一七歳から満四〇歳まで国民兵役に服する規定だった。満一七歳になった者は現役志願をして入営（海軍も法律用語では入営）することもできた。検査の甲種合格者と乙種合格者は抽選をして、落選した者は一年間の予備徴員とされた。予備徴員を終えた者と丙種合格者は国民兵役に服した。国民兵役は戦時に国民軍が編成されると召集を受けることになっていたが、歴史上、一度もそういう事態は起きなかった。

動員とは平時編制の軍隊や官衙、機関などを戦時体制に移行することをいう。戦時定員が満たされ、戦時特設の部隊が増設される。そのために予・後備役の軍人が召集された。

以下の記述については『東アジア史としての日清戦争』（大江志乃夫、立風書房、一九九八年）による。

日清戦争に動員されたのは現役・予備役と後備役である。そのころの兵役対象者は明治二六年一二月現在で満一九歳以上、明治二七年当時、満三二歳までの男子だった。その数は全国で四二三万五一一四人である。全人口のおよそ一割に相当した。

この年の徴兵検査受験者は四三万二〇〇〇人（概数、以下同じ）、このうち現役徴集は志願者七八〇人と抽選に当たった者が一万九八〇〇人、抽選で外れた予備徴員が一〇万人であった。受験者一〇〇人に対しての現役徴集の比率は五・一七人、およそ二〇人に一人にしかすぎない。現役徴集のうち、海軍は四五〇人、予備徴員のうち四三〇人が海軍兵である。

陸軍現役人員数は、軍人が将官とその相当官は五三人（以下実数）、上長官（佐官とその相当官）五二五人、士官（尉官同前）三八七〇人、准士官四九人、下士一万二九八七人、兵卒二五万一八四七人、諸生徒二一八一人、合計二七万一五一二人である。相当官は軍医、監督（経理）、獣医、薬剤官、軍楽部員などをいう。

陸軍軍属、宣誓して陸軍に勤務するが武官ではない技師・技手、教官、通訳官、事務官、雑役に従事する者もいた。奏任官（尉・佐官相当官）九二人、判任官（下士相当）七八五人、生徒一人、傭員七五七人、傭役一四二七人の合計三〇六二人だった。あわせて陸軍の軍籍にある者は二七万四五七四人となる。

一方、海軍は軍人が現役一万一二一五人で予・後備役二四四八人で合計一万三六六三人と軍属二〇一八人になる。海軍は陸軍に比べて小さな所帯であることが分かる。

戦場に出かけた人々

外地服務（野戦出征）人員は一七万四〇〇〇人である（概数・以下同じ）。うち一五万一〇

○○人が朝鮮・清国の戦場に赴いた。重複する人（朝鮮・清国領からの転進者）も含めて、台湾には四万一〇〇〇人が出征した。さらに詳しくみれば外地服務の現役八万四〇〇〇人、予備役五万九〇〇〇人、後備役三万一〇〇〇人の合計一七万四〇〇〇人、内地勤務は現役二万八〇〇〇人、予備役一万一〇〇〇人、後備役二万七〇〇〇人である。外地・内地合わせて現役一一万二〇〇〇人、予備役七万人、後備役五万八〇〇〇人となる。

日清戦争では兵站部門はもとより、野戦部隊ですら糧秣《りょうまつ》の輸送には多くの民間人の人夫が集められた。陸軍は師団に編制を改めたときに輜重兵《しちょうへい》大隊を各師団に置いた。この輜重兵大隊は主に野戦輜重兵であり、師団兵站を担当した。

師団輜重兵大隊は、平時では二個中隊でそれぞれ四個小隊を持って構成されていた。それが戦時編制になると大隊本部と糧食縦列《りょうしょくじゅうれつ》（中隊）五個と馬廠一個になった。動員された輜重輸卒《ゆそつ》が増えることで二個中隊が五個の縦列になる。また、歩兵大隊ごとに行李《こうり》と呼ばれる補給専門部隊が設けられた。

行李には大・小があり、大行李は「宿営地に於いて要する所の物品を載せる」とあり、一八九一（明治二四）年の「野外要務令」を見ると、荷物駄馬《だば》九頭、炊事具駄馬八頭、主食駄馬八頭、副食駄馬二頭、馬糧駄馬二頭、予備駄馬二頭の合計三一頭を持っていた。運ぶのは人員一人あたり、一日の定量として「尋常糧秣、すなわち精米六合、塩ないし梅干・魚菜若干」とある。ほかに携帯口糧（予備糧食）として「糒《ほしい》」二日分、ただし一日分は三合と食塩若干を保有していた。

さらには師団全体の補給を行なう兵站部隊も編成された。兵站縦列（中隊規模）には三日分の携行食糧があった。各大隊には大行李の中に、「戦用炊具」といわれた移動用の竈《かま》と鍋を持っていた。歩兵の例では大行李の中で編成した「炊事班」があり、そこでつくった食事を各中隊に運んでいた。なお、この時代の兵が各自で携行する飯盒《はんごう》は炊飯・調理の能力はなく、食器として使われている。ほとんどは薄いブリキ製のもので、直接、火にかけることはできなかった。大行李は糧食が不足すると兵站縦列から補給を受けるようになっていた。

大規模な長期の戦闘行軍や駐留が続くと、輜重兵や輜重輸卒ではとても膨大な補給物資は運べなかった。しかも軍馬は慢性的に不足していた。せっかく徴発しても未訓練で、馬体も小さく、戦地の過酷な環境では次々と倒れていった。

そこで活用されたのは民間会社が供給する人夫だった。各師団で最少でも五〇〇〇人、最大では第三師団の野戦隊五二〇〇人、兵站部の八八〇〇人、合わせて一万九〇〇〇人にも及んでいる。全体では一五万二四〇〇人にもなっていた。

日清戦争の減耗人員

『日清戦役統計』によれば、戦死は軍人一一一六人、戦傷死二八五人である。合計で一四〇一人とされている。将官は二人、上長官（佐官）は四人、士官（尉官）四六人、准士官八人、下士一四四人、兵卒一一九九人と記録されている。軍属もまた一六人が戦死している。これに対して病死は一万一七六三人（変死一七六人を含む）にも及んだ。戦死した軍属も一六人、病死者も三〇七人にものぼった。病死者が戦死・戦傷死者の約八・五倍にもなっている。

日清戦争で軍医が使った医笈（いきゅう）。中には手術用具、応急医薬品が入る。

　病気死亡者数には内地に転送したあとの死者は含まれないが、軍人・軍属の死亡者の最大の原因はコレラによる二四五二人、第二位は脚気の九八七人である。続いて赤痢八五五人、腸チフス七四四人、急性胃腸カタルの五四三人だった。人夫・職工の欄を見ると、病死者総数は五五八九人になり、第一位はコレラ二七四九人、続いて急性胃腸カタル九五二人、第三位に脚気が八七三人である。脚気についてだけ見ると、患者総数は三万一二五人で死者が一八五〇人であり、死亡率は六・二パーセントにものぼる。

戦場の環境は苛酷である。病原菌は繁殖し、栄養状態も悪く、衛生環境は最悪である。しかも戦場の軍人は精神状態も不安定になる。当然、病気への感受性は高くなる。

後送した患者の三割が脚気

開戦後の明治二七年五月、仮定の「陸軍戦時衛生勤務令」（軍の編成などが完結するつど改定される）が出された。

トップは野戦衛生長官、つまり平時職の医務局長が就く戦時補職である。このときの長官は軍医総監石黒忠悳だった。野戦衛生長官に直属するのが各軍軍医部長であり、師団軍医部長がその下につく。師団軍医部長は隷下に隊属衛生部（聯・大隊附軍医）、衛生隊（戦時特設の傷病兵収容部隊）、そして野戦病院が属する。この野戦病院とは軍医官を長とする部隊の名称であり、ふつうの感覚でいう病院とは異なっている。設備が整い、病院らしいのは兵站監部軍医部長が指揮・監督する最前線より後方にある兵站病院である。

一方で、各軍は軍兵站監指揮下の兵站軍医部長が指揮する兵站組織を有する。これもまた野戦衛生長官の直属になる。兵站司令部附衛生部、兵站病院、衛生予備員（戦地定立病院）、衛生予備廠、患者輸送部、鉄道輸送、水路輸送が兵站軍医部長の管轄下にある。

このときの第一軍軍医部長は石阪惟寛《いしざかいかん》、第二軍同は土岐頼徳《ときよりのり》という平時における序列どおり、森や小池より上位の先輩たちは師団軍医部長や軍兵站軍医部長に任じられている。陸軍軍医学校長だった森は中路兵站軍医部長に補職された。八月二九日に東京を発ち、九月四日に朝鮮の釜山に着いた。中路とは釜山から京城に至る道で、延長は約三九〇キロメートル。そこに点在する兵站病院や伝染病舎、患者宿泊所などの管理を行なっている。もちろん、膨大な仕事のごく一部でしかない。衛生行政すべての責任者である。人員配置や、途中の水の供給なども森は配慮し、報告を受け、決裁を与えている。

兵站勤務とは簡単にいえば、「野戦軍が十分活動できるようにする後方支援」である。大正末期の『陣中要務令・兵站勤務』の実務定義をみてみよう。

「馬匹《ばひつ》及び軍需品の前送、補給作戦に必要なき人馬物件の収容、後送、交通人馬の宿泊、給養及び診療その他、野戦軍の連絡線の確保、遺棄軍需品の蒐集利用、戦地における諸資材の調査利用ならびに民生などを包含するものとす」

森の仕事が多岐にわたり、内容も細かいことが分かるだろう。兵站の仕事は「食わせて、着せて、寝かせて、運ぶ」ことだという。

一〇月一日、森は第二軍兵站軍医部長に補せられた。遼東半島攻略のための第二軍が編成されたためである。釜山から船でいったん広島の宇品港に戻った森は、一五日に宇品を出航、二

釜山兵站病院。森林太郎軍医が勤務した中路兵站部管理の病院。

四日に遼東半島南岸の花園口に上陸した。その地に開設した兵站軍医部で一一月一二日まで勤務する。一一月一三日には旅順攻略のために第二軍兵站監部が柳樹屯《りゅうじゅとん》に進出した。その後、戦局が移り変わり、軍兵站監部が動くにつれ軍医部も移動する。その間、森が野戦衛生長官に送った報告書の中に「脚気」の文字が入るのは、翌明治二八年四月のことである。五月一九日の「兵站軍医部別報」には旅順口兵站病院に二月から四月までに後送した患者一〇八二人の中に三二〇人の脚気患者が含まれると書いてある。寒い時期にもかかわらず、脚気は患者総数の三割を超えているのだった。

台湾の叛徒鎮圧と脚気発生

台湾と澎湖島の割譲

明治二八年四月一七日の日清講和条約により、清国から台湾と澎湖島《ほうことう》の割譲が決まった。五月八日には批准書が交換されて、国際法的に台湾と澎湖島は日本の領土と確定した。一〇日に海軍大将樺山資紀《かばやますけのり》が初代台湾総督に任じられ、一八日になると守備軍として近衛師団と海軍常備艦隊が総督の隷下に入った。

総督とは軍隊統率権を持つ職務であり、直率の軍隊を必要とした。遼東半島の第二軍に属していた近衛師団は戦列を離れ、二二日に大連湾から先発隊が出航した。常備艦隊も先遣隊が長崎港を発った。

樺山は元薩摩藩士で、明治七年の台湾征討のときにも現地を調査したことがあり、台湾と関係が深かった。近衛師団長は皇族の北白川宮能久親王《きたしらかわのみやよしひさ》である。親王は戊辰戦争時には日光東照宮を管理する輪王寺宮（公現法親王）であり、江戸を脱出し奥羽越列藩同盟に盟主として担がれた「朝敵」だったこともある。降伏後、還俗《げんぞく》してドイツに留学、陸軍将校としての道を歩んだ。

台湾では日本領土となることを拒否した邱逢甲《きゅうほうこう》ら地元豪族たちが巡撫《じゅんぶ》（省の長官）唐景崧《とうけいしょう》に独立国家になることを迫った。唐は五月二五日に台湾民主国総統に就任するといった国際法上からすれば破天荒な態度をとった。形式的にはアジア初の共和国だった。フランスをはじめ各国に承認と援助を求め、日本への武装抵抗を試みるのである。

森、台湾に赴任する

朝鮮や大陸の戦場で多くの将兵が敵弾や病に倒れた。前述の日清戦争全体の人員減耗数は、陸軍がまとめた『日清戦役統計』からのものだった。今度は陸軍省医務局編の『明治二十七八年役陸軍衛生事蹟』の記録を紹介しよう。統計や記録は尊重すべきものだが、必ずしもすべてが一致したり、正確であったりすることはないので注意しなくてはならない。次の数字も入院患者数だけを記録し、在隊患者数は省いたと注釈がある。

戦死は九七七人、戦傷は三六九九人（うち死亡二九三人）、総患者数は二八万人以上でうち死亡者は二万人以上にのぼった。脚気患者数は三万人であり、死亡率は五・二パーセント。実数で一八五〇人である。もちろん死者、罹患者のうちの死亡率は五二〇〇人、六一パーセントを示したコレラが第一位だった。腸チフスはそれぞれ三八〇〇人と三〇パーセントという猛威をふるった。

脚気に関する統計の担当者、下瀬一等軍医も書いている（現代語にして要約）。

「脚気患者は出征部隊と留守部隊や守備隊すべてで在隊入院患者数は四万一四三一人にのぼり、健康人員から見ると一八一・五五パーセント（全員が一回もしくは二回罹患した）、総患者の一四五・六一パーセントにもなる。伝染病中の首位にある赤痢患者の三倍以上にのぼった。入院患者の約四分の一は脚気患者で、銃砲創一に対してじつに一一・二三倍の多数を占める。古来東西の戦疫記録中、ほとんどその類例を見ない最も注目すべきことである」

発生場所を見ると、戦地と内地が分けられている。戦地の統計は朝鮮では明治二七年五月九日から翌年五月三一日までの三五七日間、清国は明治二七年一〇月二一日から翌年一二月三一日までの四三七日間、台湾は同二八年三月一日から一二月三一日までの三〇五日間となっている。内地は同二七年五月五日から翌年一二月三一日までの五七四日間の統計である。

朝鮮では一五五五人の脚気患者を出し、死亡率は八・五パーセント。清国では一万四五七八人、前同一〇・七パーセントと脚気の通常の死亡率は一〜二パーセントだから驚くべき高率になっている。死者を多く出したのは台湾であり、三〇五日のわずか一〇か月で脚気患者数二万一〇八七人、発生率は一〇七・七パーセント、つまり一人で二回以上かかった者もいる。死亡率九・九八パーセントで死者は第一位の二一〇四人である。戦死は二八四人だから、戦傷死者の七倍以上の軍人が病気で亡くなってしまった。

第二軍兵站軍医部長の森林太郎は明治二八年五月一三日に旅順に出向いた。石黒野戦衛生長官の命を受けて、台湾の風土の視察をすることになったからである。これ以前に四月四日、森の同期生の第一軍兵站軍医部長小池正直は遼東半島の占領地総督部軍医部長に異動していた。森はこれと同様に、小池の同格といえる台湾総督府軍医部長に任ぜられるための準備だった。

五月二八日には台湾北部の淡水に上陸、五月三日に基隆に着き、一一日に台北に着任する。一五日には総督府衛生委員、七月二日には衛生事務総長に任じられる。ここまでは森の復員は終わらず、戦時職のままの第二軍兵站軍医部長との兼任になっていた。正式に平時職の総督府陸軍局軍医部長となるのは八月八日のことである。しかし、九月二日にはその職を解かれ、軍医学校長事務取扱の発令を受け、二二日に台北を発ち、一〇月四日に東京に帰る。

世間に知られた台湾の脚気流行

「国民新聞」は徳富蘇峰が明治二三年に東京で発行した新聞である。のちに都新聞と合併し、現在の東京新聞につながる日刊紙だった。

その明治二八年七月三一日号に次の記事が載った。『在台湾軍隊と国民の同情』というタイトルである。

遼東半島の情勢、そこに戦う軍隊と比べて、国民のすべてが台湾のわが将兵に関心が薄いと

台北兵站病院。多くの伝染病や脚気に倒れた軍人が収容された。

いうものだ。名目では外征と準外征（領収戦争）と違っているが、その実態は同じである。とくに台湾では清国兵だけが敵対するのではなく、土民の兵力も戦いを挑んでくる。男性ばかりか少年少女も敵である。

「暑熱は華氏一一二度に上ぼりて、虎列剌《コレラ》、脚病、熱病、痢病亦《また》猖獗《しょうけつ》（激しく流行する）の勢を逞《たくましゅ》ふして、軍隊を苦しめ、在台湾兵員の三分の一は、病殁《びょうぼつ》又は病気中なりといふ」

同じく八月三日号には、基隆兵站病院長から石黒長官への報告書をスクープした記事を載せている。七月一一日から二二日までの一二日間だけで、同兵站病院に収容した患者総数は二一四七人になる。全治した者は四四五人で、死亡が二七五人、事故（原因不明）退院が二一人、後送患者が一四〇五人だった。

また、医師不足も報道された。患者が増えて医療が行き届かない。であるのに内地でも帰国する軍隊のための検疫などで医師の仕事が増えている。派遣軍医の数がどうにも足らないという。八月の末には、熊本衛戍病院長藤田嗣章《つぐあきら》一等軍医正（のち軍医総監、画家藤田嗣治の父）、広島衛戍病院附伍堂卓爾一等軍医をはじめ軍医と雇医員二〇余人が台湾に出発した。

そして、このころには東京で台湾の森軍医監についての更迭が報道されていた。五月から患者が出始め、八月の中旬には全部隊で半数以上が病人になっている。それなのに、森は高名な衛生学者であるのに有効な手を打っていないと指摘されたのだ。

米飯至上主義が生んだ脚気の惨害

開戦の明治二七年七月三一日、「戦時陸軍給与規則」が公布された。「通常兵食」として、精米六合（九〇〇グラム）が主食であり、副食は次のとおりだった。

一、鳥獣魚肉類四〇匁（一五〇グラム）あるいは塩肉類二〇匁（七五グラム）、あるいは乾肉類三〇匁（一一二・五グラム）

二、野菜類四〇匁、あるいは乾物類一五匁（五六・二五グラム）

三、漬物類一五匁、あるいは梅干一二匁（四五グラム）、あるいは食塩三匁（一一・二五グラム）

四、調理用醤油味噌等は現費消高（現在の消費量に見合うもの）
「携帯口糧」として、糒《ほしいい》三合（四五〇グラム）、あるいは代用品
副食物は、鳥獣および魚肉類缶詰四〇匁、あるいは塩肉類二〇匁、あるいは乾肉類三〇匁および食塩三匁である。

糒の一食分は一三五グラムであり、三食で四〇五グラムと塩三五グラムが一日の定量だった。「牛缶」が登場したのは明治一八年に広島鎮台に業者が納入したのが初めてだったという。続いて同じ広島の業者が歩兵第一一（広島）、同二一（広島）、同一二（丸亀）、同二二（松山）の各聯隊に牛缶を納入している。

陸軍はそれまでに米国に「ローストビーフ」「ボイルドビーフ」「コンドビーフ（コンビーフのこと）」の缶詰を二五万円分輸入したといわれる。戦時においては師団ごとに二〇日分の携帯口糧を準備することになっていた。その発注量は国内製造業者の手にはあまり、陸軍は大手商社の「大倉組」を通じて「醤油煮しめ式の牛缶」をアメリカに発注する。調理の醤油はすべてアメリカへ運んだというから調達準備も複雑で大規模なことがうかがわれる。

また、水が入手しにくい大陸の戦場を想定して、糒の代用品とされたのは「小型ビスケット」だった。陸軍は国内最大の洋菓子メーカー「風月堂」に製造を命じた。のちにこのビスケ

ットは明治二八年には「重焼麺麭《じゅうしょうめんぽう》」となり、今も作られる「乾麺麭」の元祖にあたる。

通常糧食の中身も計画上は少しも悪くはない。白米を七五〇グラムも食べようが、肉や魚類が一五〇グラム、野菜類一五〇グラム、漬物も五六グラムをとっていたなら、脚気にかかることもなかったことだろう。ところが、これが実際の戦場では、ほとんど実行されていなかった。野戦衛生長官である石黒はもともと麦食採用に反対で、米飯信奉者だった。それが世界の最新栄養学を学んできた森軍医によって米飯の優秀さはさらに保証された。副食など当てにしなくても栄養学的に十分なのだと腹の底で思っていた。

糧食決定の権限を持つ野戦衛生長官がこのように信じてしまえば、ただでさえ輸送や貯蔵が困難な肉や魚、野菜が前線に規定どおり届けようと努力しなくなるのが軍隊という組織である。

缶詰の不出来については海軍に資料があった。「筑波」に乗り組んだ青木大軍医による報告書である。「筑波」には国産、外国産の肉類缶詰を大量に積み込んだ。品川沖を出航してから一〇日後から缶詰肉を支給したが、すでに国産缶詰は腐敗していた。その数は全体のどれだけかは不明だが、三百個以上になっていたという。また、味がひどく悪く、外国製しか信用できないというものだった。国内製の缶詰が今後、飛躍的に製造法、品質が向上しない限り、軍艦に積み込んではいけないというほどの激しい批判がされていた。それからわずか一〇年である。国民の間に缶詰食が普及していない時代、どれほど進歩があったのだろうか。

貧しい副食については『衛生事蹟』の中でも石黒は次のように書かせた。

「陸軍省より準備追送した副食物は、必ずしも膏腴豊美《こうゆほうび》（脂があり豊かな味がする）を期したものではない。また、必ずしも栄養素をすべて備えるといったものではなかった。もっぱら貯蔵しやすく、体積が小さく、使いやすく、その上で主食をとりやすくする品を採用した。要するに、理論上からすれば毎回主食の米さえ食べていれば、各兵の栄養に大きな影響はない。とはいうものの、戦う軍隊の暮らしのなかで苦労をいやすのは食事にあるから、しばしば副食物の粗末さと量の不足を訴える者は少なくなかった」

兵卒たちの戦記にあるように、梅干しや干し魚、佃煮《つくだに》、高野豆腐、かんぴょうやカボチャ、キュウリ、芋、シイタケ、大根漬けなどが主なおかずだった。みそ汁の供給もろくになかったという。ただし、内地から白米だけは順調に届けられた。こうして典型的ともいえるビタミン欠乏食をとらされた台湾の兵士たちは次々と脚気に倒れていったのである。

第二軍軍医部長土岐頼徳の麦食上申

土岐頼徳は天保一四（一八四三）年九月に美濃国（現岐阜県）に生まれた。長崎に行き、続いて江戸医学所で学んだ。学友の一人が石黒忠悳である。明治二年から石黒とともに大学東校

土岐頼徳。石黒に次ぐ序列第２位の軍医官。軍を追われ晩年は孤独だった。

に勤務し、明治三年には中助教になる。石黒は同年九月に大学から軍医寮に転出、土岐も軍医となった。明治七年には二等軍医正として官員録に載っている。明治一〇年の西南戦争では、新撰旅団軍医長として従軍、仙台・東京・名古屋の各鎮台病院長などを歴任し、明治二一年一二月には近衛軍医長となる。

　軍医長に就任すると、明治二二年から二三年にかけて近衛の諸隊約四千人に、麦三割米七割の混食を実施し脚気を激減させた。二三年九月には東京医学会総会で講演し、麦飯にすれば脚気はなくなると主張した。二四年四月には陸軍軍医監（少将相当官）になり、序列では石黒に次いでいた。

　この土岐軍医監は第二軍軍医部長として日清戦争に出征した。明治二七年一〇月下旬から一一月上旬にかけて、花園口に上陸した第二軍の兵員に軽い脚気にかかる者があった。旅順が陥落したあと、旅順口に宿営する部隊に患者が増え始め、翌年二月の厳寒期にも寝込むほどの患者が多くなった。また、山東半島の威海衛攻略に参加した部隊にも発症する兵員が出た。寒い時期に脚気が出るなら、暑い夏には患者の大発生が懸念される。土岐は二月一五日に山東省虎山の司令部で軍司令官大山巌に麦飯給与を申し出た。

「本国に居ると同様に、麦飯給与をお願いしたい、それができないから三食のうち一回は麺麭《めんぽう》（乾パンのこと）、あるいはビスケットを給与されたい」

というものだった。どうやら大山はすぐにこの稟議《りんぎ》を受け入れたらしい。

第二軍に属する第一師団長は大阪鎮台で麦飯を支給した山地元治中将だった。山地は大山にこの提言が妥当なことを進言したに違いない。また、当時の大本営運輸通信長官は歩兵大佐寺内正毅《まさたけ》であり、彼もまた麦飯賛成派である。

日清戦争では野戦運輸通信長官を務めた寺内正毅。本人は麦食をしていた。

ところが、この提言は実行されなかった。表向きの理由は、新しい作戦が発起され、海運の状況が厳しくなった、そのほかさまざまな困難が生じたというのだ。

しかし、真相はのちに意外なところで判明した。明治四一年七月四日に「臨時脚気病調査会」の発会式で寺内正毅が次のような趣旨の発言をした。

「自分は二〇年来の脚気患者であり、二〇年前に遠田澄庵氏の診察を受けた。以来、二〇年間の麦食を実行している。日清戦争のとき、自分は野戦運輸通信長官を務め、軍隊に麦を支給したところ、当時、石黒男爵はどうして麦など支給するか、脚気に効くのかと詰問された。おかげで麦の支給は中止され、そのときにはこの席にいる森医務局長も石黒説の賛同者でいっしょに自分を詰問した一人である」

満場、唖然として声を出す者もおらず、森も憮然としていたという。

自分の提案を無視され、脚気患者を出したことに第二軍軍医部長土岐は怒っていた。軍兵站軍医部長森が石黒といっしょになって麦飯給与を妨害したのだ。その憤懣を表す報告も残っている。

海軍軍医の告発と陸軍軍医の反論

陸軍軍医から匿名の反論

日清戦争において、海軍はわずか三四人の脚気による入院患者しか出さなかった。「戦時糧食条例」では白米を制限し、副食費を二割増しにしたためである。陸軍の三万人を超える患者数と比べると両者の違いは明白だった。

明治二八年九月一八日、『時事新報』に海軍大軍医石神亨《いしがみとおる》の寄稿文が載った。題名は『陸軍兵士の脚気病に就《つい》て』である。石神は高木兼寛の恩人だった石神良策の養子だった。陸軍の台湾駐屯部隊に多い脚気は、食物改良で防ぐことができるというものである。陸軍軍医団のメンツは丸つぶれになった。しかし、陸軍は脚気に悩まされ、海軍には患者がほとんどいないということは世間でも周知の事実だった。陸軍軍医たちは黙っているばかりで、反論も出せなかった。

そこへさらに批判を重ねたのは同じく海軍大軍医斎藤有記《ゆうき》である。同年の一一月三日と五日、同じく『時事新報』に『兵食と疾病』という文章が掲載された。明治二八年七月から九月までの軍艦「吉野」の衛生状況を調べ、兵食と脚気との関係を論証したものだった。糧食が適正であると脚気も諸病も起きないという。さらに徹底していたのは、陸軍と正確な対比をしたことである。

海軍の陸上部隊の例を挙げた。澎湖島に展開する水雷隊臨時敷設部員八〇人あまりは陸上にバラックを建てて生活した。炎熱酷烈かつ湿気の多い陸上で勤務したが、糧食の善良により、兵員はみな健全で脚気病患者も一人として出なかった。

「卓上の空論を弄すべき時節柄に非ず、特に戦時衛生の局に当る者の大に猛省せんことを希望」して論を終えていた。

一一月二三日、ついに陸軍軍医から反論が出た。『東京医事新誌』という専門雑誌である。ただし、海軍軍医の投稿が実名であるのに対して「高田亀」という匿名だった。しかも、まるで医学には素人の門外漢という体裁をとっている。題名は『石神大軍医様外御一方様エ伺ヒ候』という投稿だった。その書き方はひどく皮肉と悪意に満ちたものである。要旨は次のとおりだ。

一、医学では最高峰の帝国大学医科大学で研究しても、脚気の病原病理はいまだ不明である。石神様はその病理病原を解明されたのだろうか。また、その解明は世界の学者仲間で承認されたものであろうか。

二、病気を予防し、治療するには病原病理を明らかにしなくてはならない。真に予防できたのか、治療ができたのかは確言できない。病原病理をきわめずに、その予防や治癒を論じるのは早計である。

三、石神先生は陸軍兵士の食物がよくないというが、どのような試験によって断定されたのか。陸軍兵食は森軍医正が行なった試験によれば、決して不良とはいえない。それを不良とし、改良するというのはどの点か。また、現在、食物の充足不足を語るときには熱量（カロリー）というものがあり、窒素と炭素の比例というような陳腐な標準によらないでご指示されたい。

四、食物を改善すれば脚気がただちに防げるという御説には次の疑いがある。
（い）食物が悪いから脚気になるというなら、なぜ食物不足の貧民や乞食に脚気が少なく、中等以上の生活者に多く、食物も中等以上の書生や兵士に多いのか。

（ろ）食物に差がなくても、少年と四〇歳以上の人に脚気が少なく、二〇歳前後の者に多いのはなぜか。

（は）男子に脚気が多く、婦人に少ないのはなぜか。

（に）脚気患者は転地すればすぐに、かつ著しく治るのは食物とどう関係があるか。

（ほ）精進潔斎《しょうじんけっさい》の律僧などに脚気が少ないのはなぜか。

（へ）食物に差はなくても、まったく脚気を生じない土地があるのはなぜか。

以上、四つの疑問について、臆説ではなく、新しい精《くわ》しい学説で科学的にお答をいただきたい。


ビタミンという実態も微量栄養素という考え方も、影も形もなかったころの話である。栄養学でも臨床医学でもまったく学理的に脚気を説明などできなかった。この仮名の陸軍軍医による反問には誰も答えられないのも当然だった。海軍軍医たちも沈黙を守るしかなかった。

脚気被害の隠蔽、石阪への冷遇

日清戦争は近代日本の輝かしい勝利だった。国際世論の大方の予想を覆し、陸軍はほぼ全戦全勝し、海軍もまたアジア最大の巨艦を有した清帝国北洋艦隊を撃滅した。艦隊決戦も勝利を収め、さらには世界でも初めての水雷艇隊による夜襲を敢行する。広大な新領土、多額の賠償金、通商上の特権も手にした。国民は初めて「帝国臣民」として一体化する。しかし、その輝かしい成果の陰には悲惨な犠牲があった。

戦地脚気入院患者は三万七三二八人、戦地脚気死亡者三八一一人、その大半は台湾で起きた。脚気入院二万一〇八七人（五五・五パーセント）、死亡二一〇四（五五・二パーセント）は台湾領収軍で出したものだった。台湾での戦死者は二八四人でしかなく、病死者はその八倍に達した。海軍はこれに対して、脚気入院患者三四人で死亡者はゼロである。

森林太郎の不運は脚気惨害が最もひどかった明治二八年の五月から九月にかけて、台湾に赴任していることだった。しかも、森は野戦衛生長官である石黒の命令を忠実に実行し、兵卒に白米しか支給しなかったのである。また、兵士たちにとっても、森が総督府陸軍部のトップであったことが最大の不運だった。

九月になって急遽、森と交代した第一軍軍医部長石阪惟寛軍医総監は麦飯支給を黙認することで在台湾部隊の脚気を防ごうとした。石阪は軍医総監として石黒に次ぐ序列第二位（三位は土岐頼徳）の立場である。

石阪惟寛軍医総監。明治初期の士族反乱鎮圧以来の歴戦の軍医。台湾では麦飯支給を黙認した。

石阪は天保一一（一八四〇）年に岡山県の豪農の家に生まれた。大阪で西洋医学を学び、江戸にも遊学したらしい。明治三年、岡山藩の侍医となり、廃藩置県後に軍医寮に出仕する。明治五年一月には二等軍医副（少尉相当官）として官員録に載っている。翌年は広島鎮台に勤務、明治七年陸軍二等軍医正（少佐前同）に進み、「佐賀の乱」、同年の「萩の乱」、明治一〇年の「西南戦争」に従軍する。明治一三年には一等軍医正、大阪鎮台病院長になる。

臨床経験豊富で治療術はたいへん優れていた。明治一五年、東京陸軍病院治療課長、一八年には軍医本部庶務課長、翌年陸軍省医務局第一課長、二〇年大佐相当官の軍医監に進む。陸軍軍医学舎長を兼ねて陸軍省医務局次長となり、翌年には第一師団軍医長、二四年には陸軍衛生会議議長に就任する。二七年八月には軍医総監（少将同前）、ただし三〇年に官等改正があり、軍医監（少将同前）となる。これは別に階級を下げられたわけではない。この年、軍医の最高官等（軍医総監）が中将級に改められたからである。

日清戦争では第一軍軍医部長として出征、明治二八年九月二日、森の後任として台湾総督府陸軍局軍医部長となった。翌年一月一五日には土岐頼徳と交代、陸軍省医務局附となり、五月に休職、一二月には復帰して第四師団軍医部長となる。ところがその後の石阪への軍医当局の扱いはいささか不審がある。

明治三〇年九月二八日に軍医界のトップ、医務局長になるが翌年、在職わずか一〇か月余りで八月に辞職し予備役に編入される。東京大学の山下政三氏も指摘しているように、短期間の在任、この後の軍医界との絶縁、軍医部が発行した『軍医団雑誌』での冷たい訃報の扱い（大正一二＝一九二三年）など納得できないことばかりである。

では石阪は台湾で森の不始末の尻拭いにどう奔走したか。石阪は従軍経験が豊かで、戦地での戦傷病の処置やコレラなどの防疫《ぼうえき》についての権威者だった。石阪は麦飯の有効性も、海軍の脚気が兵食の改良によって激減したこともよく理解していた。現場部隊が独自に麦飯を給与することを黙認していたのも事実だろう。

「澎湖島要塞砲兵隊は明治二八年一〇月二〇日より麦飯を用いた」「一〇月以降台湾憲兵隊に米麦飯を使用」「後備歩兵第一三大隊ならびに第一五大隊は一一月下旬より米麦飯の支給を受けた」などと『陸軍衛生記事摘要』や前出の『陸軍衛生事蹟』などに記載があるのは石阪の黙認があった証拠になる。

軍隊という組織の論理を理解できないと石阪の苦労が分からない。軍紀は軍の命脈であり、官職、階級、序列がすべてに優先する。陸軍軍医である石阪は野戦衛生長官である石黒の「兵食の基本は従来通り（白米支給）」という指示（命令）がある以上、総督府がいくら麦を用意しても軍医の立場として上官の命令に違反するわけにはいかなかったのである。

土岐と石黒の大喧嘩

石阪の後任として台湾に渡ったのは、やはり軍医総監土岐頼徳だった。世間に広がる台湾軍の脚気惨害、有効な手を打てないでいる陸軍軍医界に冷たい目が向けられた。この軍医界生え抜きの超大物を投入したのも石黒の悪あがきだっただろう。土岐はすでに第二軍軍医部長の時に脚気惨害を予想し、的中させていた。

台湾総督府でも陸軍に対する不満があふれた。総督の樺山資紀は明治一六年に陸軍から海軍に転籍し、高木兼寛の兵食改良と脚気減少を目の当たりにしてきた海軍大将である。総督府の

台湾総督に就任した樺山資紀。高木の実験と成功を目のあたりにしていた。

麦飯支給案を拒んだ森軍医監が更迭され、八月二一日付で副総督に高島鞆《とも》之《の》助《すけ》が赴任してきた。高島は陸軍中将、同じく麦飯派である。食糧を運ぶ大本営運輸通信長官は同じく麦飯派の寺内正毅、陸軍大臣は同じ薩摩出身の大山巌、大本営参謀次長であり兵站の総元締めである兵站総監は川上操六《そうろく》だった。寺内以外はみな薩摩出身で建軍当初から息を合わせてきた間柄である。総督府から直接、陸軍中枢に麦飯給与の許可を出させる意見書を出そうということになった。

ところが、である。兵食変更の権限は石黒野戦衛生長官にあった。石黒はこの時期に、『台湾戍兵《じゅへい》ノ衛生ニ就テ意見』という文書を出している。その内容はやはり、台湾の気候風土の特徴を重視し、環境衛生保全などに努める、すなわち兵食の改定は認めない、従来通り白米を主食とすることとすると結ばれている。

そして土岐はどうしたか。独断で在台湾部隊への麦飯支給を指令するのである。まさに命令違反、独断による軍紀無視の越権行為だった。

ただちに石黒は訓示を発した。

「台湾の兵食は学問上適切なものが定めにくい。それまでは従来の米食に従うことが重要である。ただし、補給上の問題があるなどで無害ならば雑穀を支給することも仕方がない。脚気予防のために麦米混飯を支給するなどというのは少数の偏信者がいても、学問界で承認されていない。貴官がこれまでの実験から効き目があると考えて麦を支給しても構わないが、命令を下して全部隊に麦飯を支給することは許されない」

くどくどと述べているのは科学的か、学問的か、いずれであれ麦飯の支給は行なってはならないということである。この文書は『軍医学会雑誌』の明治二九年二月号に載っている。

建軍以来の付き合いもあり、親しい仲でもある。石黒は土岐の心中を甘く見ていたのではないかと山下政三氏も指摘している。というのは土岐が大変な文書を出したことで分かる。これは石黒によって秘匿されていたものを山下氏が発見したものである。以下、引用の適否については筆者に責任がある。実際の文書は長大なものだが要旨を紹介する。

まず、この議論は「国家百年の計に基づくもので、学者社会の紛争的な議論ではない」ということを了解せよという。

「自分が台湾に赴任する前に受けた口頭の訓示では、陸軍糧食費の（議会対策として）予算獲得上、議会に麦を使うとはいいにくい。そこで総督府の監督部長に協議すれば、陸軍大臣の『雑穀混用を得《う》』という訓令に従い麦の支給はできると解釈していいと自分は受け取った。

そうであるのに今回の訓示では米麦混食はしてはならないと貴官はいう。もともと米食をさせ始めたのは学問上の決定によるものではない。年々の脚気の大流行に対して、この十余年以来、全国の軍隊や学校・団体などではほとんど米麦混食かパンを支給してきた。この主食の変更から脚気はだんだんと減り、死亡除役もまったくなくなったといっていい。これは衛生関係者みなが喜んでいることで、決して少数の偏信者の愚論僻説に固執しているわけではない。

名古屋の第三師団の例を挙げる。もともと名古屋陸軍病院長横井信之軍医は脚気の対策として消毒的清潔法と野外清気浴を採っていた。本官はその横井の後任であり、明治二一年冬から米麦食の支給を実行したところ患者は激減した（明治二一年七七一人から同二二年には八人）。以後、明治二三年には四人、二四年には二人という数字が出た。横井は師団軍医部長として麦の支給を継続し、このような統計数字を出した。横井は学識経験に富み、意見は卓爾《たくじ》の者である。本官に迎合するような人間ではない」

というように理路整然と石黒に反駁する。学問界（大学中心の医学界）に対しても舌鋒は鋭い。

「学問界に多少脚気研究に熱心な者もいるが、あるいは煮魚中毒説、または米黴《かび》説など自分一身の名誉を得ることに汲々《きゅうきゅう》として、自分たちに関係が少ない米麦優劣の論に口を出す者が少ないのは現在学者社会の実情である。このように米麦関係に冷淡な学問界の承認を得なければ、麦飯に脚気予防の効果があるとは認められないというのはどういう考えなのか」

さらに続いて、

「齷齪《あくさく》（心が狭い）した小人が自分の陋説《ろうせつ》（卑しい意見）に執着して、他人の偉勲を嫉妬するあまり、言葉たくみに貴官の左右に勧めたのではないか、なぜなら貴官は公明忠誠な人であり、残毒陰険《ざんどくいんけん》（他人に害をなし、意地悪なこと）な考慮は決してないことを信じている」

と、石黒に痛烈な反省を求めている。

他人の偉勲とは高木海軍軍医総監の功績を指すのであろう。もしかすると、高木に痛烈な批判を浴びせる森を「心の狭い小人」といっている

石黒忠悳軍医総監。軍医界の古株で毀誉褒貶の多い人物。戦時の白米支給に強くこだわり、麦食の効能を認めようとしなかった。

のかも知れない。軍医になったと同時に戦場を駆け、戦傷病に直面してきた実践派の土岐にすれば、誇れるのはドイツ留学ばかりで、ろくに戦場になど出たこともない森など小賢しい若造にしか思えなかっただろう。

石黒は前年に論功行賞として、功三級金鵄勲章と旭日重光章を受け、男爵に叙爵され華族に列したばかりであった。部内の、しかも自分に次ぐ高官からの批判はとても公にはできないものだったのだろう。

海軍からの批判再燃と石黒の弁明

土岐が意見書を送ってから二週間後、明治二九年四月九日、『時事新報』に『台湾嶋（ママ）駐箚《ちゅうさつ》軍隊の衛生』という寄稿文が載った。「在台一医生」という海軍軍医による匿名文であった。

「三月五日現在、病者のうち赤痢・チフス・マラリアなどの伝染病患者は一万四〇五一人であり、脚気患者は一万四八四八人になる。海軍には脚気はまったくない。無益の我を張って麦飯支給を実行せず、多数の兵勇を損なうのは衛生官の本分にもとる」

と陸軍を批判するものだった。

さらに四月一二日、京橋T・Y生という匿名の海軍軍医が『台湾の衛生に就て』という文章を同じく『時事新報』に寄稿した。それは全面的に土岐を支持し、石黒を非難する内容だった。対して石黒は直ちに反論を用意する。一八日付の『時事新報』には、『石黒軍医総監の兵食談』として掲載されたインタビュー記事である。

それによると、自分が米食にこだわるのは、兵隊を敬重するのが厚いのと学問を信用することが篤いからだという。米飯に比べると麦飯は味が悪く、消化が悪く、腐敗しやすい。それに何の益があるのか。学問上、実験上で確定しなければ、貴重なわが軍隊の食物を変えることなどできない。森軍医監が行なった兵食試験では最も米飯がよかった。麦を食べて海軍は脚気がなくなり、陸軍も患者が減ったというが、衛生上の注意が進み、境遇がみなよくなった結果によるものだと思う。麦飯のおかげだという確証は見出すことができない。いろいろ総合しなければ、専門の学者（森のこと）が心血を注いで研究した成果を無視して、劣るものに変えるわけにはいかないのである。先の戦争で、朝鮮、支那、台湾で病者が多かったのは、気候、風土、飲水はもちろん、露宿野臥《ろしゆくやが》（野外に寝ること）し伝染病に感染しただけでなく、陸軍の数万の軍夫などは管理も行き届かず、それが米飯を食べたためだなどという速断はできるものではない。

また石黒の卑劣さが現われているのは談話の後半部分である。

「わかったのは、気候、風土、飲水はもちろん、露宿野臥し伝染病に感染しただけでなく、陸軍の数万の軍夫などは管理も行き届かなかった。脚気流行の原因が米飯を食べたためだなどという速断はできるものではない」

すぐに分かることだが、栄養問題と脚気問題をわざと混同し、土岐の主張した「麦飯支給論」の核心にふれようとしていない。米飯が麦飯やパンより栄養学的に優れているということと、麦飯が脚気に効くということは別のものである。

石黒の態度の奇怪さは、すでに戦争前の明治二四年には全陸軍部隊に麦飯が支給されている。そのことに石黒は何も反対していなかった。そして脚気は確かに統計的にも消滅していたのである。脚気対策には麦食が有効だということは陸軍部内では誰もが信じていることだった。大山巌第二軍司令官がすぐに麦支給を認め、大本営運輸通信長官の寺内正毅もすぐに麦を台湾に送る手配をしたのもそれが当然と思っていたからだろう。

なぜ、石黒は頑なに土岐を敵視し、台湾軍への麦の支給を拒んだのだろうか。おそらくだが、戦時中の戦死の八倍にものぼる脚気による病死の責任追及を恐れたのではないか。もし、台湾軍だけが脚気罹患が減ったということが、しかも軍医部長の要請で麦が送られたことが世間に知れたら、自分だけではなく周囲の高級軍医たちに累が及ぶのではないかと考えたのだろう。

あろうことか石黒は台湾軍での脚気大流行の公表を差し止めてしまう。平定軍の主力であったのは近衛師団だった。その軍医部長の報告書（明治二九年五月）には「脚気」の病名が載せられていない。コレラ、腸チフス、マラリア、赤痢その他と病名があり、備考を見なければ脚気の文字は出てこない。公式記録からも隠蔽を図ったのである。

石黒の退職とその後の人事

台湾副総督だった陸軍中将高島鞆之助は明治二九年四月に拓殖務大臣になり、九月には陸軍大臣兼務になった。高島は以前、堀内軍医とともに大阪鎮台に麦飯を導入し、総督府内でも麦食推進派だった。直情径行の人ともいわれていた。

その土岐側に立った高島が陸軍大臣となった（同三〇年九月から専任）。その就任からすぐの一〇月一日、石黒に台湾出張の命令が高島陸相から下った。

「現地へ直に行って見てこい」という意図だっただろう。石黒は高島に命じられたとおり、台湾に行き報告書を出し

陸軍中将高島鞆之助。大阪鎮台司令長官時代から麦飯を推進してきた。

た。その中には台湾で確かに脚気が発生していることが書いてある。そして、出征兵士の健康を守るためには衣食住の経費に十分の余裕を与えることを提言している。「兵食は白米だけで十分」という年来の主張は影も形もなかった。

翌明治三〇年九月二八日付で石黒は休職となった。辞任の理由を本人は慢性の病気のためと後日語っているが、実際は詰め腹を切らされたといっていい。自発的ではない、未練たらたらという報道もあった。その内情をうがった見方で伝えた雑誌記事もあるが、いずれも本人にとっては不本意だったことは確かだろう。

石黒の後任は、森林太郎のような留学経験のある「新知識＝若手世代」からすれば、石黒と同じく老朽の「天保爺（江戸時代の天保年間の生まれで、幕末の西洋医学を学んだ人）」の石阪惟寛だった。この人事はオーストリアに派遣されていた小池正直を驚かせた。赤十字会議に参加するために小池と同行していた芳賀栄次郎《はがえいじろう》（当時ドイツに留学中の一等軍医、のち軍医中将）が『男爵小池正直伝』で述べている回想がある。小池はひどく驚き、かつ動揺してベルリンでの滞在二週間の予定を早めて帰国したという。

石阪は台湾では森のあとを受けて軍医部長になった。実情に合った麦飯支給を黙認し、おかげで石黒から冷遇されたのが石阪だった。その彼を医務局長に登用する。石黒や森に怒りを覚えていた高島が、それを積極的に進めたと山下政三氏も推論している。

ところで、土岐の石黒への反抗があったあとの台湾軍では脚気はどうなっていたのだろうか。土岐は麦飯支給の指示を出し続けた。米麦どちらも内地産で「精米四合二勺割麦一合八勺即チ七ト三ナリ」という。副食物もはじめは十分なものではなかったが、各隊から実況を報告させ多少の改良がされたと総督府の医事報告にもある。

この努力で台湾の脚気もようやく終息を迎えた。明治三〇年には脚気発生率は一七パーセントに激減し、同三三年には七パーセント、同三四年には〇・九パーセント、翌三五年には〇・四パーセントとほぼ根絶したといっていい。それは「麦飯奨励ノ結果」と台湾陸軍軍医部の報告にもある。

軍医界の大旋風—小池の人事

新設された小倉の第一二師団の軍医部長に森林太郎は異動の命令を受けた。明治三二年五月のことである。日清戦争後の潤沢な軍事費を、陸軍は装備の充実と師団の増設に使い、海軍は世界水準の主力艦の購入や建造にあてた。陸軍の増強は五個師団を生んだ。最初は北海道旭川の第七師団である（明治二九年）。続いて同三一年一〇月一日に第八（青森県弘前）、第九（石川県金沢）、第一〇（京都府福知山のち岡山）と第一二（福岡県小倉）の四個師団、そして一一月一日に第一三師団（香川県丸亀のち善通寺）の合計五個が新編された。

すでに明治三一年八月四日、陸軍一等軍医正小池正直は陸軍省医務局長になり、軍医監に同期の中でただ一人昇任していた。退任した石阪は局長就任からわずか一〇か月あまりの在職だった。それが大きな騒動になっていないことは、部内からも外部からも石黒の次の局長は小池という人事に違和感がなかったからだろう。

『陸軍現役将校同相当官実役停年名簿』を見る必要がある。これは現役兵科将校と衛生、監督（のちの経理部）、獣医など各部将校相当官の人事について書かれている「部外秘」の書類である。なお、日清戦争前では衛生部の薬剤官の最高官等は少佐相当官の薬剤監、軍楽部同は少尉相当官の一等軍楽長でしかなく、獣医部も同じく少佐相当官の獣医監である。経理部だけは別格であり、少将相当官の監督長があり、衛生部医官と同格だった。

停年名簿を見れば、生年月日、所属する部隊・官衙や機関、経歴や序列などが明確に分かる。陸海軍軍人・軍属にはまったく「同位同級」の者はいない。同じ階級でも任官時日《にんかんじじつ》が早い者が上位になり、任官時日が同じでも成績順の序列（順位）がついている。それは指揮命令系統の明快さを重んじる軍隊ではとくに明確にしておくところだ。

序列はなかなか変わらない。平時では目立つ業績を挙げる機会はめったになく、能力も学校時代から同じ条件の下で競争させられているから、まず普通に過ごしていれば任官時の順位がそう変わるものではない。そして進級、昇任もおおよそその順位に従って行なわれる。

日清戦争前の明治二五年には総監は石黒だけで、大佐相当官の軍医監は「堀内・石阪・土岐・足立・中泉・田代」という六人がいる。中泉正は弘化二（一八四五）年生まれ、「幕府医学所」で学んだ。ほかはいずれも大学教育以前の西洋医学者である。

一等軍医正には九人がいて、なかには大学になる前の東京医学校出身者もいる。その下の二等軍医正（少佐相当官）は三四人であり、森の同期生が二二位の伊部、以下小池、菊池、落合、森、谷口という順位になっている。明治一四年に東大医学部を卒業し、陸軍に奉職した者は伊部、森、小池、菊池、谷口、賀古、江口、鹿島の八人だった。

小池正直陸軍軍医総監。森とは大学の同級生だったが、経歴は地味だった。

それが明治二七年になると、石黒軍医総監の下の軍医監は、堀内、石阪、土岐、中泉の四人になり、森たちは一等軍医正に昇任している。その序列は小池（九位）、菊池（一〇位）、森（一一位）、落合（一二位）、谷口（一三位）になっていた。そして、明治二八年には総監に石阪と土岐が昇任し、軍医監は一三人になる。その筆頭は中泉であり、以後田代、菊池篤忠、石阪、小島、木村、小池（七位）、小野敦善（八位、東京医学校明治九年卒業）、菊池、森（一〇位）、落合、谷口（一二位）、草刈の順である。日進戦争後の明治二九年には軍医監は一〇人と減り、トップはやはり中泉で小池は四位になり、続いて小野（明治九年、東京医学校卒）、菊池、森（七位）、落合、谷口、草刈となった。

小池が小野を抜いて序列を上げた理由は戦時の軍功であろう。小池は戦野を歩き続け、小野は下関講和条約締結後に第四師団軍医部長になり、戦時には第一線にいなかったという差によるものだった。

戦後には小池、小野、菊池、森、落合、谷口という序列は固定した。だから小池の次に軍医監に昇任するのは小野、菊池、森の順番になるのは当然で、小野・菊池から森が遅れたのも人事の常識だった。

明治三二年に小池が医務局長になった時点の序列は、少将相当官になった軍医監では小池、小野、菊池（常三郎）、森、休職中の石阪、土岐、中泉、菊池（篤忠）の順になっている。なお、明治三〇年三月には官等改正で軍医総監は中将相当官となり、同二八年からの軍医監は一等軍医正となり、名称ではまるで格下げのように見えた。少佐相当官の三等軍医正が増設されたというわけだ。そして軍医総監は空席だった。

森の近衛師団軍医部長補職

小池正直は衛生部トップになって人事を刷新した。その方針は老朽の医官を整理し、新しい血に入れ替え、あわせて軍紀を確立しようというものだった。石黒が長い間続けてきた情実人事を正し、ゆるみきった規律を締め直そうとしたのである。小池の考えがよく分かる談話が雑誌に載っている。

「医務というのは衛生と治病である。技術に関する仕事だから素養があり新知識に富んだ者でなくてはならない。軍医正（佐官）以上は指導官で、一等軍医（大尉級）以下は服行官（上司の指示で行動する）だから衛生部の上長官（佐官）以上は技術に疎くてもいいなどという者がいるが、自分が技術に暗くて技術官（尉官級）を指導などできない。指導のできない者は人の能力を看てとってふさわしい職に就けられない。だから人物をよく選ぶことが医務局長の仕事である」

また、続いて、

「困ることは自分（小池）が大学出身だから大学出をひいきすると思われることだ。学識は大事だが、学識があっても軍人精神に乏しく職務をなおざりにする者は、内臓を引き出して書物を詰め込んだ死人と同じで、博士であろうと学士だろうと何の用にも立たない。また佐官級以上は指導者だから管理することが仕事だが、学識と反対比例になるのは困る。だから大学出もそうでない者も標準（スタンダード）を立てて合不合を決める。もっとも、この標準はヨーロッパの軍隊にはすでにあって、ドイツ・オーストリアでは軍医が佐官になるには選考試験までやっている。ところが、わが国にはまだ各官等に応じる標準がなく、試験もない。そこで長官（各官衙や局課の長）は自ら標準を立てて、自らこれを守る。だから長官が替わるごとにいくらか標準も動くだろうが、僕（小池）はなるべく「文明国」と歩調を合わせていくつもりだ。標準に合う者は、大学出身者に偏ることはないはずだ」

そして、何よりも「軍紀の弛緩《しかん》（ゆるみのこと）」を問題にしていた。これまでの軍医界は家族的政治とでもいうような情実優先だったと小池はいう。規則は守られず、命令も遵奉《じゅんぽう》されなくなっていた。これからは法治的に医事行政を行なう。仮借なく譴責《けんせき》し、遠慮なく処分するといった姿勢を打ち出した（明治三二年三月、師団軍医部長会同）。

明治三一年一〇月三日には、森林太郎に平時職としての近衛師団軍医部長の椅子が回ってきた。森鴎外日記を読んだ人は、その九月一七日に、ある宴会の席で「偶々《たまたま》小池が予（自分）を排する運動をなししを聞く」という記述を見ることができるが、それが小池による森を排斥する意向があったのだろうと解釈する人が多い。しかし、軍の人事の常識からいえば、師団軍医部長に森を推すのは序列からして当然の行為である。文学的活動に熱心だの、交際範囲が軍医の立場から逸脱しているだのの悪口があったのは事実だろうが、そのことを小池があれこれ思っていたとは考えられない。

この前日、発表された新人事には多くの話題があった。軍医監二人と各等の軍医正一二人が休職となった。休職となった軍医監二人は近衛師団と第四師団の各軍医部長、中泉正と菊池篤忠である。そのあとを埋めるように、前述した序列に従い第二師団軍医部長小野敦善と第一師団軍医部長菊池常三郎が軍医監に昇任する。さらに空いたポストを埋めるのは誰かといえば序列の次の者である。もし、小池が森を阻害するなら仙台の第二師団に飛ばしそうなものだが、森を近衛師団附にして東京に置き続けさせたのは好意といっていい。

高木兼寛の退官以後

医師法案事件と東大出身医師

海軍軍医総監を若くして勇退し、民間に帰った高木兼寛はこのころ、のちに私立医科大学になる東京慈恵会の医学校の運営に務めていた。

なお、明治三六年には学校制度の改正で、東京慈恵医院医学専門学校に昇格する。医術開業試験を受験する必要がなくなり、卒業生はそのまま医師免許状が交付されることとなった。

着々と理想の医師養成を展開してきた高木だが、開業医社会に空前の騒動が起きて、脚気問

高木兼寛海軍軍医総監。英国留学後、東京海軍病院長。成医会を設立。1885年軍医総監。88年に医学博士。92年に予備役。現東京慈恵会医科大学の創設者。1905年に男爵。

題とは別に東大出の医師たちと衝突することとなった。

明治三一年の冬に召集される帝国議会に、現在の日本医師会の前身である「大日本医会」から医師の身分や任務に関する医師法案が出された。大日本医会の会長は高木兼寛元海軍軍医総監である。この法案は衆議院を通過したものの貴族院では反対意見が多く、そこで否決されてしまった。反対運動の中心はのちに大学派といわれるようになった東大出身の医師たちである。

一方で大日本医会の中枢にいた者は英国留学の高木を除いては、長與専斎、長谷川泰、佐藤進らの東大が設立される前の西欧医学習得者だった。これに高木が会長となっていたのである。若い大学卒業者から見れば、みな医学界の古老であり、維新以来の医学界を牛耳ってきた古い世代の人々である。会長は英国の病院附属医学校出身で、学理の証明もできないのに、それでいて海軍の脚気をなくした軍医界の大立者だった。

高木らの法案に込めた思いは二つあった。ひとつは医師になるための条件として医術開業試験に合格することを必須要件とすること、二つ目は医師免許を取得して開業するには、その地区の医師会に入ることを義務化することだった。この二つの要件は、医師不足や、伝染病対策の医事衛生などの問題を解決するために必須であると大日本医会では考えていたのである。

この提案に反対したのは、先進的な医学者集団と自負していた帝大医科大学出身の元教授や現職の教授、助教授たちと、森をはじめとする帝大出の陸軍軍医たちであった。まず、彼らは古い権威者である「天保勢力」に公然と反旗をひるがえす意思を示した。

軍医学校長時代（1893〜99年）の森林太郎（鴎外）。1891年に医学博士、93年から学校長を務めた。日清戦争に出征し、復員後、98年に近衛師団軍医部長と兼官した。

それは何より、医術開業試験だけで同じ医師になる者への不満が爆発したものである。医師としてあまりに素養や学力が異なる者たちを、共通の医師会にまとめることは危険だと信じていたのである。

北里柴三郎。東大医学部から内務省に入り、ドイツに留学。伝染病研究所を設立する。

また、開業試験対策の私塾の教室での座学中心で臨床経験が少なく、何より学問的基礎があやふやで一般教養、とりわけ医師としての倫理教育もろくに受けない者が医師になることに大きな抵抗があったのである。

のちにドクトル・ノグチとして世界的に有名になる野口英世（一八七六～一九二八年）も医術開業試験によって医師になった一人である。助手補に採用された彼が北里研究所で受けた厳しい差別も有名である。

所長の北里柴三郎は嘉永五（一八五二）年に熊本に生まれ、藩校の時習館から熊本医学校に進み、明治八年に東京医学校に入学。明治一五年に東京大学医学部卒業、内務省衛生局に入り、明治一八年にドイツのコッホの下に留学した。明治二二年に破傷風菌の培養単離に成功し、血清療法を確立。続いて翌年ジフテリアにもこれを応用、成功した。国際的名声を得て、明治二三年に帰国する。東大とは対立し、東大の緒方教授の脚気菌の発見を否定もした。私立伝染病研究所を設立し、秦佐八郎《はたさはちろう》（梅毒の特効薬サルバルサンの製造）、志賀潔《しがきよし》（赤痢菌の発見）のような優秀な若手を育てた。

その反権威の北里ですら野口英世には厳しかった。彼は大学出の医師たちの中では雑役にしか使われず、研究費すらろくに与えられなかった。また、彼が研究所内の図書や備品の管理にずさんで、金銭にだらしなかったことも「モラルが低い開業試験あがり」といわれたことにも関係があるだろう。野口が研究所での将来に失望して渡米したのは明治三三年のことである。

さて、「大日本医会」による医師法案の貴族院の議決は反対一五九票、賛成三八票だった。この結果に無念だったのだろう。高木は明治三四年に会長職を退き、後任には北里柴三郎が就いた。北里はよく意見をまとめ、大学派と協調しながら医師法案を明治三八年に通すことができた。

高木の失望は記録にはない。ただ、医会の側の松山誠二医師（松山棟庵の甥）と東大派の森林太郎との対論を慈恵会医科大学の名誉教授松田誠氏は『高木兼寛、北里柴三郎らの医師会設立までの苦闘：日本医師会前史』の中で紹介している。松山医師は慶応義塾医学所の卒業生であり、高木の薫陶を受けている。いってみれば、英国医学とドイツ医学の討論のようなものだ。

まず、「医事衛生問題は国家の要務であり、医師会が存在し医師同士の啓発があってはじめてこの問題に有効な手が打てる」という松山に対して、森は「医師会などない欧州列国の防疫事情をまったく知らない者のいうこと」と切り捨てる。続いて松山はいう。「医師にして倫理を欠如する者は医師会の規則によって懲戒すべき」。これに対して森は、「医師会の規則なるものも、一般の法律と同じく、倫理を左右することはできない。松山氏は真正なる社会観念の何たるかをご存じない」と返した。

さらに「医師でない者が医業を行なう者が絶えない。医師会名簿があれば、これを防げる」という松山に対し、森は「たとえ医師会名簿があっても、こういう違法者を見つけて懲戒することは困難である」という。

最後の対立点からは、医師は二種類に分けられるという森の優越感がうかがわれる。「優れた医師（東大出以下官公立医学校卒）」と「学力のない医師（医術開業試験合格者）」というように森は考えていた。

医師の自治制度準備のための医師法案についての両人の主張は次のとおりだ。

松山はいう。

「医師法案にある倫理の問題は、もっと医師会独自の自治的制裁法に依るべきである」

森は答える。

「自治的制裁法は必要であるとしても、（出身によって）程度が違ういろいろな医師集団からなるような大日本医会などが行なうべきではない。新しく組織される優れた学識者団体が行なうべき問題である」

この論争での森の主張を要約すれば、「医術開業試験などに合格した者を集めて、医療業務を論議するだけでなく、医事・衛生に関する国家枢要の問題まで論じようというものだ。さらに医術開業試験、医師会の結成や入会、医薬分業などの問題までが議題に入っている。このようなことは、優れた医学業績を挙げ、学会で高く評価された真の医学者のみがすることだ」という。

さらに森は続ける。医術開業試験合格者を多く出す私立医学校などは法律的に規制を厳しくし、できない場合は廃校にするべきだという。その私立医学校とは東京慈恵医院医学校や済世学舎などであった。

私立医学専門学校の歴史

ここで医師養成の経緯について簡略ながら振り返っておく。明治維新後、明治七年に政府は「医制」を施行した。医師免許の交付は各府県に任されていたので各地に公私立の医学校ができたが、そのレベルは開業試験の予備校にしかすぎなかった。倫理や基礎的な科学などはほとんど教えられなかった。

明治一二年になって「医師試験規則」が出され、免許は国家資格になった。明治一七年には「医術開業試験規則」と「医師免許規則」が施行された。森たちが軍医に採用されたのは明治一四年であり、森は軍医界の中枢に勤務し、同期生の多くは各地の陸軍病院に勤務していたころである。

この二つの規則によれば、試験会場は全国で九か所、試験は年に二回、前期試験が基礎学科、後期試験は臨床学科や臨床実験とされていた。ふつう合格までに前期三年、後期七年といわれた難関ではあった。

野口英世が上京後入学したのは済世学舎《さいせいがくしゃ》である。この医学予備校は明治九年に長谷川泰（一八四二〜一九一二年）によってつくられた。長谷川は新潟県の生まれ、佐倉順天堂で学び、江戸で松本良順に師事し、大学東校の少助教、長崎医学校長も務めた。森たちがいう「天保世代」の一人で古い蘭方医であり、石黒陸軍軍医総監と同僚だったこともあった。

この人脈を使い、長谷川は東京大学医科大学の助手や大学院生をアルバイト教員として授業を行なわせた。成果は上がり、明治二〇年から同二四年までの間に一五〇〇人もの開業試験合格者を出した。ただし、その実態は「医学校とはいふけれども大道店《だいどうてん》（路傍の屋台店）」とも悪口をいわれていた。

主に地方の開業医の跡とりだった生徒たちは、能力からいっても、経済力からいっても、東大の医学部などに進めない者たちだった。入学も卒業も、とくに決められた期日はなかった。好きなときに来て、好きな科目を聴講し、いやになったら辞めていくといったものだった。

学校卒業と同時に医師となれるのは、東京大学医学部卒と府県立甲種医学校（中学を卒業して入学、四年間修学する）の二一校（明治一八年当時）のみだった。そして、府県立医学校の教員は原則として「医学士（定員三名以上）」、つまり東大医学部卒とされていた。

この医師法事件よりあと、明治三五年には公立の三校だった京都・大阪の両府立医学校と愛知県立医学校が残っただけだった。

なお、明治三九年には「医師法」が改正された。卒業と同時に医師免許が交付される学校が増えることになった。大正三年には医術開業試験は制度としてはなくなった。ただし、実際はこの二年後まで行なわれた。

「天保世代」といわれた古い世代の指導層は少しでも医師を増やそう、国民の衛生思想も高めようと努力した。それに対して若い世代の留学経験者を中心にした新しい指導的な立場にある医師、医学者たちはそういったことに関心が低かった。そうした対立があったということである。陸軍軍医界でも、緒方や堀内、土岐といった人々は麦飯支給を推進し、森をはじめとする若手エリートたちは麦飯の治療効果を無視した。世代と方法論、パラダイムによる違いというしかない。

北清事変の脚気の惨害

再び脚気が流行

一九世紀最後の年、明治三三（一九〇〇）年春、北清地方に義和団の乱が起こった。「扶《ふ》清滅洋《しんめつよう》」をスローガンに中国の一般民衆が立ち上がった。指導者は主に義和拳といわれる拳法の修行者だったために義和団といわれた。

わが国は列国の中では戦場に最も近かった。六月には先遣隊が出発、七月には広島の第五師団が出征した。戦闘部隊一万五七八〇人、衛生関係四四二五人、兵站部員一〇三〇人、総員で二万一二三五人という大兵力だった。七月一四日には天津城を落とし、八月一五日には北京城を攻略。一〇月には兵力の半数が帰国し、続いて翌明治三四年七月に残り半分が凱旋した。戦闘そのものによる損害は軽かった。

ところが、この事変で脚気が再び流行した。戦地の病者一万八五八八人のうち脚気は二二三五一人で全体の一二・六パーセントにもなった。ほかには赤痢一〇三八人、マラリア九七八人、腸チフス三三七人で、脚気罹患者が突出して多かった。その原因は容易に想像がつく。白米の戦時兵食が原因である。白米だけを送ったのは小池医務局長の指示だっただろう。なぜなら、明治三四年一〇月、清国駐屯軍附属軍病院を置いたが、その病院長に小池は次のような訓示を与えたからだ。

「脚気の病原はまだ明らかではない。その予防法もはっきりしない。ただ経験上、麦飯に効き目があるというだけである。第五師団軍医部の報告の中に、支那米も（脚気予防に）効き目があったというものがある。脚気の発病には時因、地因の関係があることは統計上疑いのないところだ。そこで合理的にその効否を判断するには、同一地で同時に、麦飯・支那米・日本米をそれぞれ、およそ同数の兵員に配給し、その成績を調べてみよ」

つまり小池もまた、麦飯の効果を学理が明らかでないとして信頼せず、石黒忠悳と森林太郎の麦食否定論と同調していたのである。

明治三五年五月には『軍医学会雑誌』に「北清近況」という報告文が発表された。書いたのは北京にいた第五師団軍医部長である。それによれば日本米を支給した部隊には脚気が発生し、支那米を食べさせた部隊では脚気患者は稀で、最後にはいなくなったという。しかも麦飯の支給を希望しているがいまだに追送されていない。とりあえず、予防手段として支那米だけを支給したいと思うという。

これは、どういうことか。支那米も国産米も同じ米である。おそらくは日本米は内地で十分に精白され、支那米は現地でのいいかげんな精米による粗精米だったからだろう。胚芽や糠がまだくっついたままの米を食べれば、ビタミンＢ１は摂取できる。この前田政四郎は明治二九年四月から二年半にわたる台湾勤務があった。混成旅団軍医部長として土岐の下僚《かりょう》だったこともあり、麦飯支給による脚気の根絶も体験していた。前田は明らかに国産白米食が脚気を引き起こし、麦を食べると予防になることを確信していたのである。

「麦飯有効説」と森の反論

『軍医学会雑誌』の同じ号に台湾からの報告が掲載された。台湾陸軍衛生部の衛生概況を知らせたものである。兵食として予算上の都合から内地米七分、台湾米三分を混合している。また脚気予防として全島各隊に年間を通じて挽割麦一〇分の三を加えているという。

病気の中の脚気については、明治三〇年から同三三年までの患者数の統計を挙げており、その減少の理由として麦飯支給であると明記してある。「麦飯の励行と適当なる運動を推奨」したとも書いてあった。

明治三四年八月の『軍医学会雑誌』には、過去の堀内利国の業績が掲載された。重地正巳という軍人の口述を記録したものだというが、記録者は同期生の谷口謙である。谷口は序列ではいつも森と近い下位にあり、かねて森とは不仲であり、当時は大阪第四師団軍医部長になったばかりである。森はといえば、新設された第一二師団（小倉）軍医部長であり、失意のさなかにもあった時にあたる。

森は麦飯が科学的に脚気対策として科学的に有効であるとは、まだ納得できなかった。試験の結果でも米飯は麦飯より栄養学的に優っている。米飯が脚気の原因などと医学的に決定づける証明があるわけではない。庇護者だった石黒を失い、周囲から麦飯有効論がわき起こった。ひどく辛かったのであろう。森は夏には「それでも米飯が脚気の原因とはいえない」と主張する論文を発表した。

何という頑迷な態度かと非難するのは簡単なことだ。森が日清・日露両戦争の脚気流行の「戦争犯罪人」だという指摘がいまでもされる。しかし、ビタミンの存在を知り、確かな知識として脚気の原因が明らかになった現代の目から森を一方的に非難するのは間違っている。後出しジャンケンはいつでも勝てる。むしろ近代医学の考え方からすれば、当時では森の方が正統的な考え方だったのだ。それでも、森の論文にはどうしようもない支離滅裂な内容が含まれていると山下政三氏も指摘している。そして、この森の論文には誰も論評も反論もしなかった。

ただ前述したように、明治三四年一〇月に小池医務局長は清国駐屯軍病院長に「麦飯の有効性を示すため、支那米・内地産白米・麦飯の比較試験を正確に行なえ」と指示している。小池だけは森の肩を持ち、間接的に麦飯の有効性を疑う姿勢をとっていることが注目される。

第六章　日露戦争の脚気惨害

開戦時の陸軍兵力

動員と兵站

日清戦争で得た賠償金のほとんどは対ロシアの軍備に注がれた。海軍は大型軍艦を次々と購入し、陸軍は師団を増やし相応の兵科部隊も増設した。新設師団のために幹部養成を急ぎ、予備役幹部の補充計画も着々と実行した。

日露戦争開戦前年の明治三六年の「陸軍常備団体配備表」によれば、野戦師団数は近衛師団と第一から第一二までの合計一三個師団である。

平時編制の各部隊は動員されると戦時編制に変わる。それを支えるのは予備役と後備兵役の将校下士兵卒の充員召集である。平時の師団は野戦師団になると人員・馬匹・装備が大きく増えて、その編制も変わった。また、あわせて野戦電信隊と兵站諸部隊が動員される。このほかに出征部隊の補充を行なう留守師団や後備諸部隊、臨時特設部隊、補助輸卒隊なども新編された。

師団長隷下の部隊としては司令部、歩・騎・砲兵各聯隊と工兵大隊の戦闘部隊と、輜重兵大隊をはじめとする輸送や傷病兵治療などに従事する支援部隊がある。戦闘部隊の中には大行李(宿営材料・衣糧等)、小行李(弾薬等)といわれた輜重兵科から派出された輸送部隊、経理、衛生、獣医各部や工長(砲兵・騎兵などの技術系下士)、従卒《じゅうそつ》・馬卒《ばそつ》などを含んでいる。これに加えて、支援部隊として工兵材料の運搬にあたる架橋縦列《がきょうじゅうれつ》、歩兵と砲兵の弾薬を運ぶ弾薬大隊、糧食輸送のための輜重兵大隊(糧食四縦列)、輜重兵隊の馬の管理をする馬廠《ばしょう》、患者収容・輸送にあたる衛生隊と四個の野戦病院がある。

兵站諸部隊は軍兵站監の隷下に属する。兵站は軍単位の補給を行なうだけである。その運ばれた物資の集積地から師団各部隊に物資を輸送するのは師団輜重兵大隊である。つまり輜重兵は師団レベルの兵站にあたる。

兵站監の隷下には野戦兵器廠、兵站弾薬縦列、兵站糧食縦列、輜重監視隊、衛生予備員(戦

地定立病院を構成する）、衛生予備廠、患者輸送部、予備馬廠などがあった。

この支援諸部隊に代表される人員はどれほどの規模のものか調べてみよう。ふつう一個師団の歩兵四個聯隊の小銃数は一万四〇〇挺とされた。師団の受け持つ戦闘正面幅は、これに歩兵の横隊散開間隔である五〇センチを掛けると約五〇〇〇メートルである。野戦師団の総員が二万人とすれば、騎兵・工兵などの直接戦闘兵科を合わせて一万三〇〇〇人でしかなく、ほかはみな支援にあたる。つまり、二人の戦闘員を一人の後方勤務者が支えるということになる。

留守部隊は、出征部隊への人馬の補充や、戦地から還送されてきた患者の治療、新しく動員される新設部隊の基幹となる現役将兵の教育にあたった。

動員部隊の戦闘死者数

『戦役統計』によれば、明治三八年一〇月一五日現在で、軍人の戦地勤務者約九四万五〇〇〇人、内地勤務同一四万四〇〇〇人、合計同一〇八万九〇〇〇人に及んだ。軍属は戦地勤務約五万四〇〇〇人、内地勤務同一〇万人、合計同一五万四〇〇〇人。軍人・軍属を合わせると約一二四万三〇〇〇人になる。百万の野戦軍といわれたが、それは戦地勤務者だけをあわせた数にすぎなかった。

このうち、戦死者と認められて靖国神社に祀られたのは八万五二〇八柱である。海軍は二九二五柱だったから、日露戦争は陸軍を主とする戦いだったことが明らかである。

兵科別では外地に出征した約九四万五〇〇〇人のうち約五一万五〇〇〇人が歩兵であり、これは全体の約五五パーセントにあたる。そして出征した軍人のうち、戦闘中の即死者や負傷がもとで亡くなった戦闘死者数は約五万九〇〇〇万人である。そのうち歩兵は約五万五〇〇〇人だから約九三パーセントと圧倒的な割合を示している。全体を見ると歩兵は約一一パーセント、出征人員の一〇人に一人は亡くなった。これは騎兵の二・七パーセント、砲兵の一・七パーセント、工兵の四・七パーセント、輜重兵の〇・二パーセントと比べるとすさまじい損害を出した兵科だということが分かる。

衛生部の配慮

改善された戦場の衛生管理

明治二七年の日清戦争では、脚気、赤痢、マラリア、コレラ、凍傷の順に入院患者が多かった。この五つの患者数で総数の五八・五パーセントにもなった。また、出征軍人総数に対する病死率は五・五パーセントにも達した。

一〇年後の日露戦争では、あまりに激しい戦闘が続き、戦闘死者が多かった。戦没軍人の中で戦闘死ではない者は二五・三パーセントにしかならなかった。出征軍人総数に対するその比率は二・二七パーセントであり、日清戦争のおよそ半分にしかならない。つまり、日清戦争と比べると、戦場の衛生管理や治療技術やそれに要する薬剤等も進歩していたのである。

マラリアとコレラ、凍傷はほとんど見られなくなった。まだ残っていたのは赤痢と脚気である。マラリアの減少は明治三四年に蚊が媒介となることが証明され、防蚊対策に陸軍衛生部が努めたことによる。とくに朝鮮にマラリアが多かったことから、小池医務局長（野戦衛生長官）が丁寧な訓示を送っている。

「飲料水は煮沸し、飲食器の洗浄も煮沸水を使え。飲料水を汲む井戸には標識を付け、監視兵を置け。小川などの水を使う時には堰を設けて、その上流を飲用、下流を馬の水飼場や洗濯場とする。河水を汲むには中流を用いて水がよどむ河岸は避けよ。食物は必ず煮炙《しやきゆう》したものをとらせて、果物は流行病があるときは食べさせるな。飲食物は兵員に勝手に購入させず、必要と認めるものは酒保《しゆほ》で供給せよ。駐屯する時は周囲の伝染病の有無を確かめよ。ハエの駆除に努め、それが飲食物にとまることを防げ。伝染病の予防・消毒は規定に従いながらも臨機に目的を達するように」

手厚さはこれだけではなかった。開戦翌月の三月には、伝染病予防の手段のひとつとしてクレオソートを服用させた。これこそ「正露丸」としていまも服用される「征露丸」の起こりだ

歩兵第21聯隊仮包帯所。負傷者はまずここで隊付軍医の診断を受けた。

った。毎食後、必ず一錠から二錠を服用させた。

コレラの予防も徹底した環境の整理の成果といえるだろう。それは兵や物資を運ぶ運送船の内外の徹底消毒といった方策までとった結果である。

赤痢は不潔な環境で起きやすい。下痢、発熱、血便などをともなう大腸感染症である。細菌性赤痢とアメーバ性のそれと分けられる。糞尿などから食物や水などを経由し、経口感染がほとんどである。この細菌は明治三〇年に志賀潔によって世界で初めて発見された。学名はいまも「Shigella」といわれる。A群からD群の四つのタイプに分けられ、当時、流行したのはA群であった。現在ではワクチンによる治療がされるが、当時はほとんど対策がなかった。せめて環境衛生の向上に努めるしか方法がなかったのである。

森軍医監の出征

森林太郎は明治三五年、小倉から在京の第一師団軍医部長に異動していた。その森に出征の命令が下った。明治三七年三月五日、第二軍司令部が編成され、森はその軍医部長になった。軍医監の中での序列からして当然の戦時補職だった。四月二一日に宇品を出航し、五月八日に遼東半島の猴児石《こうじせき》に上陸する。

衛生部の編成は、各部隊に軍医（将校相当官）、看護長（のちの衛生下士）、看護手（同衛生上等兵）がいて傷病者の救護をする。聯隊でいえば、高級軍医（少佐から大尉級）は戦場のやや後方にいて仮繃帯所を開設し、次級軍医（中尉から少尉級）は戦線で負傷者の治療を行なう。おおよそ大隊には一人の軍医と数名の看護長がいた。中隊には三〜四人の看護手（衛生上等兵）がいる。

師団にはほかに戦時特設の衛生隊があった。隊長は兵科将校であり、負傷者の捜索や後送のための担架中隊や軍医もいる医療班がある。戦闘が始まると、負傷者を収容しやすい地点に繃帯所を設置して所属軍医などが治療にあたった。野戦病院は師団に四個ある。病院長は三等軍

第6師団衛生隊。衛生隊は兵科将校の指揮する部隊で患者の後送などを行なった。もちろん軍医以下の衛生部員もいる。

医正、もしくは一等軍医で繃帯所から送られてきた負傷兵に、やや手厚い治療ができた。これらを野戦衛生機関といい、師団軍医部長の指揮下にあった。

この上位にある軍兵站には衛生予備員がいて、前進する部隊の野戦病院を引き継いだり、その後方に定立《ていりつ》病院を開設したりする。繃帯所からの距離があるときには経路の途中に患者集合所、患者療養所を置くこともある。兵站病院はほとんど内地の病院と同じような規模と施設を持ち、定立病院からの患者を引き受ける。

野戦地域の衛生業務は、師団単位で行なわれる仕組みになっていた。各師団衛生部が担任する地域の活動を自主的に行なっている。野戦師団の軍医部長はそれぞれが兵站軍医部長と提携し、密接な協力体制にあった。第一師団軍医部長はその回顧録の中で「各師団軍医は互いに親密に連絡しようとはしなかった」と嘆いているが、編制のあり方から見て仕方がないことでもあった。

軍軍医部長は第一軍・谷口謙、第二軍・森林太郎、第三軍・落合泰蔵、第四軍・藤田嗣章の各軍医監だった。第一軍は近衛、第二、第一二師団で編組され、各師団軍医部長はみな二等軍医正（中佐相当官）であり、第二軍は三月一五日の戦闘序列では第一・三・四・五・一一の五個師団だった。これが五月二九日には第三・四・五（五月三〇日に編入）師団になり、第五師団は第四軍に編入された。開戦二年目にはこれに第八師団が加入した。第三師団軍医部長は軍医監、第四師団は二等軍医正、第五師団は一等軍医正そして第八師団も一等軍医正である。この構成は各軍の中で最も師団軍医部長の階級が高い集団になる。

日露戦争の脚気

「脚気死亡者数は二万七八〇〇余名」

『明治三十七八年戦役陸軍衛生史』（陸軍省編）によると、戦死四万五四二三人、戦傷一五万三五二二三人で、戦死傷者の合計は一九万八九四六人ということになる。外地出征者約百万のうちで五人に一人が戦死傷した。しかし、この調査は入院患者を中心に調べたもので、入院しても病床日誌をつくる前に亡くなった者や内地への送還者はもっと多かっただろう。

戦地で入院した者の数は二五万一一八五人だったという。その入院患者の半数近くを占めた病名は「脚気」である。隊内にいて入院していなかった罹患者は約一四万人ともいうから合計して約二五万人が脚気患者だった。

自然主義作家だった田山花袋《たやまかたい》（一八七一～一九三〇）は『一兵卒』という作品を明治四一年に発表した。田山は遼陽会戦の直前まで約半年間、記者として従軍した。その記録を『第二軍従征日記』として刊行したが、脚気の惨害についてはまったくふれていなかった。それを戦後になって脚気蔓延の責任を追及する世論に押されたのだろう。脚気による戦地での死亡者の様子を描いた小説を発表した。

物語は兵站病院の軍医が止めたのに兵卒が原隊に復帰しようとして、ついにその途上、路傍に倒れた様子を書いている。

「息が非常に切れる。全身には悪熱悪寒が絶えず往来する。頭脳が火のやうに熱して、顳顬《こめかみ》が烈しい脈を打つ。何故病院を出た？　軍醫が後が大切だと言ってあれほど留めたのに、何故病院を出た？　かう思ったが、渠《かれ》はそれを悔いはしなかった。（中略）疼痛、疼痛、渠は更に輾転反側《てんてんはんそく》した。

第７師団第１野戦病院。戦線のやや後方に設置され、重傷者は兵站病院に送られた。

『苦しい！苦しい！苦しい！』

續けざまにけたゝましく叫んだ。

『苦しい、誰か……誰か居らんか』

と暫くしてまた叫んだ。（中略）黎明《あけがた》に兵站部の軍醫が來た。けれど、其の一時間前に、渠は既に死んで居た。（略）暫くして砲聲が盛に聞え出した。九月一日の遼陽攻撃は始まった」

倒れ込んだ廃屋の陰で脚気衝心（心臓麻痺）を起こして兵士は亡くなった。

陸軍衛生部はこうした実態を隠そうとした。戦地入院患者約一一万人のうち死亡はわずか五七一一人だと記している。治癒者は患者半数の約五万七〇〇〇人である。除役（軍務に耐えられず廃兵とされる）約二〇〇〇人、帰郷二万五〇〇〇人、転症三〇〇〇人、後遺五〇〇〇人と記録は並ぶ。ところが、事故二万一七五七人という記述がある。山下政三氏はこの事故数を脚気衝心による死亡ではないかと考察している。

五七一一人と、この事故死者数二万一七五七人をあわせると二万七四六八人となり、『医海時報』の報道にある「脚気死亡者数は二万七八〇〇余名」とほぼ符合している。

二五万人の患者、うち死者が二万七〇〇〇人という恐ろしい数である。四人に一人が脚気に倒れ、その一〇人のうち一人は死んでしまった。一〇年前の日清戦争の患者四万人、死者四千人と比べても改善のあとが見られないどころか、むしろ悪化している。

理由は副食軽視にあった

原因はいまから見れば簡単である。「白米至上主義」と「副食軽視」という体質だった。海軍との大きな違いは、麦の支給のあるなしよりも副菜の貧しさにあった。ビタミンB1は炭水化物の代謝のために消費されるから、激しい運動や夏の暑さによって汗を多くかくことでさらに不足する。それを糠、胚芽まできれいに落とした精白米、乾燥野菜や鰹節、干し鱈、漬物などの粗食では脚気になるのが当然である。

現代の自衛隊でも野戦用糧食が用意されているが、災害派遣などが長期にわたれば口内炎などのビタミン欠乏症が隊員にすぐに現われる。もちろん対策に努め、サプリメントなどの支給で解決するが、やはり平時の食事に優るものはない。戦場で恐ろしいのは衛生環境の悪化と輸送の不調である。さらに過労や精神的ストレスなど健康を害する要因ばかりである。

下士兵卒の日記をもとに前線の食事の副食を再現してみよう。朝食は奈良漬けや梅干、たくあん漬け、福神漬けなど。昼食には乾燥した干しエビ少々、牛肉八匁（約三〇グラム）と千切り大根、あるいは卵一個と千切り大根。夕食にも千切り大根と牛肉缶詰を煮た物、ただしほとんど肉のかけらが見えない。または馬鈴薯（ジャガイモ）に千切り大根である。

後方の野戦病院の患者食献立の記録もあった。朝食のメニューは一週間では、わかめの味噌汁、梅干、味噌漬け大根、ネギの味噌汁、大根漬け、福神漬け、干瓢の味噌汁などが繰り返される。昼食は鰹節でだしをとった干瓢の煮もの、鱈と切り昆布の煮つけ、鰹節と麩とネギの煮つけ、芋の煮つけ、缶詰の鮭、大根の切干と牛肉の煮つけなどである。ただし、注意すべきは、これらが複数で提供されることはなかったのだ。単品のみである。夕食はというと、芋・麩の煮つけ、干瓢の煮つけ、ネギと牛肉の煮つけ、干瓢と卵、煮干しでだしをとったわかめの汁である。これにビタミンがほとんどない白米を組み合わせていた。

一汁一菜というが、都会ですらふつうの家庭で、汁とおかずを添えて主食をとるという風習が広まったのは一九二〇年代の大正時代のことである。庶民が多かった陸軍の兵士にとっては、こうした食事を粗食だとは思っていなかった。むしろ戦時給与の白米飯一日六合を腹一杯食べられることはひどく贅沢なことだった。

ごく一部の豊かな人たちは別として、多くの庶民はふだんから粗食だった。たとえば、明治三〇年代の東京の学生下宿では友人が訪れて時分どきになると昼食が出された。おかずは焼きナスである。それをご馳走だと喜んでいる。お世辞ではない。そんな豪華な食事を提供する下宿屋は良心的だというのだ。

後方職種になる技術系の曹長（野戦兵器廠の火工掛）の日記も残っている。兵站倉庫にも近く、当時としては恵まれた支給を受けていた。一日あたり各人に精米六合（九〇〇グラム）、粉味噌約一八グラム、エキス（醤油粉末）一八グラム、大根の切干し七五グラム、砂糖一〇グラム、乾燥イワシ四〇グラム、茶四グラムである。「菜の不足を衛兵隊の兵が苦情として申し立てた。上等兵を呼んで不心得を戒めた」とわざわざ記している。ほかに珍しい牛肉缶詰三貫一〇〇匁（一一・六二五キログラム）を三九人分として受け取った。目立つのは福神漬けで、ほかに牛テール（尾部）の乾燥肉が九キログラムほど届いた。

当時の一般人の食生活を見るのに適しているのは農商務省が明治三四年ごろを対象にした調査をもとにした『職工事情』がある。それから見ると、工場の経営者は従業員の食費を節約するため「挽割（麦）一升のうちに米二合くらい」「南京米と挽割と半分交ぜたもの」「米一升に挽麦一升」といったものを食べさせた。もちろん、脚気予防などを考えたわけではない。朝食の調査もあるが、お菜は「具の見えない塩辛い味噌汁」とたくあん漬け、らっきょう漬け、ニラ漬け、白菜漬けなどでしかなかった。

また、日露戦中の一般の食生活では、一例として横浜市緑区元石川町を挙げてみよう。いまでは東急田園都市線の沿線で高級住宅地だが、当時は農地がほとんどだった。そこの農家では大麦一升に米一合を混ぜて常食にしていたが、軍馬の飼料のために大麦が徴発され、代わりに外米を食べるようになったという。

同じ陸軍でも、内地の補充部隊の食事もひどくなっていた。長谷川伸の弟子、棟田博が『陸軍いちぜんめし物語』の中に書いた「寝藁《ねわら》」の献立が有名である。日露開戦の年、一一月一日に長谷川二等卒は千葉県国府台の野戦砲兵第一聯隊補充隊に入営した。中隊長はのちの元帥、畑俊六《はたしゅんろく》だったという。給与は規定では一日六号六勺だが、実態は五合くらいで、しかも麦七、米三の割合だった。火曜日と土曜日の昼飯だけがコノシロ（コハダのこと）の煮つけかカマボコひと切れ、芋の葉の煮つけが少々あるくらいで、あとは毎日毎食「ネワラ」ばかりだったそうだ。寝藁というのは本来、馬房《ばぼう》の中で軍馬の下に敷くワラのことである。切干し大根にワカメを少し加えて酢醤油をくぐらせたものだそうで、見た目がそっくりだったという。

「麦飯を支給しろ」との声に押されて

日露開戦とほぼ同時に谷口謙第一軍軍医部長は脚気予防のため米麦混食の給与を要望する意

見を上申した。小池野戦衛生長官（医務局長の戦時職）はこれを受け入れて大本営会議で提議したが、戦地で主食を複雑にするのは実施上の困難が多いとされ反対された。

戦場では補給の複雑化が最も嫌われた。物資の種類が増えれば、それだけ運送手段（馬や荷車）に積載する手間が増える。集積場所や保管条件、取り扱いに差も出てくる。しかも、米も麦も生ものである。まず、規格化された弾薬、衛生材料、被服などが優先されるといった慣習もあった。

第五師団軍医部長も師団の会議で米麦混食を主張したが、補給上の問題や味のことなどで反対にあってしまった。戦地にある兵卒にまずい飯を食わせられるかという現場指揮官たちからの心情的な反発もあったことだろう。これらは回顧録などの証言である。ほぼ公的といえるのは『陸軍衛生史』の編纂委員だった田村俊次一等軍医の談話だろう。

「麦食給与の実施は度々会議に上がり当局者も苦心したが、輸送状況が好転するまでは精米と重焼麺麭（のちの乾パンに近い）を供給して、時機を見て挽割麦を送るということになって、明治三七年四月までは麦は送らなかった。ところが脚気患者が外征軍に発生し始め、五月にためしに挽割麦を一万石送ってみた。その後も、手段を尽くして追送したが、輸送路の困難のため、大半は変敗して全軍に普及できなかった」

実際のところ、三月と四月には脚気の発症者はわずかで、このままでよいかと思われたとき、五月から増えだして入院患者も増えてきた。大連に設けた兵站病院も一か所では足りなくなってきた。内地の病院に後送される患者も増え、その多くが脚気患者だった。この状況に世論は湧き上がった。

明治三七年一一月、寺内正毅陸軍大臣が東京の新聞記者を集め、秘書官を通じて弁明をする。

「陸軍当局はなぜ麦を与えないかとの批判もあるが、当局はあらゆる研究をしている。ベルツ博士などにも相談したが医学上の定説もなく、どうすれば絶滅できるかは分からないが、できる限りの努力をしている。麦飯も採用しているけれど、海軍と違って事情が異なり、戦闘間には炊き方が難しい麦飯を出せるときも出せないときもある。しかし、近頃では病者も減少しつつあり、遼陽方面ではほとんど皆無の様子である」

弁解に懸命になっていたのは陸軍大臣ばかりではない。むしろ当事者であるのは野戦衛生長官だった。小池は現場の軍医部長たちにも通達し、麦の給与も始めていた。年末にはついに現場に訓令を出した。

「脚気の病名で還送された患者を見ると、ほんとうの脚気ではなく、いわゆる立腫《りっしゅ》（立ち続けることによるむくみ）であり、浮腫がある者や自覚症状を申し出る者に安易に脚気の診断を下してはならない」

大連兵站病院。脚気患者であふれていたとされる。

というものである。

明治三八年三月一〇日（じつに奉天会戦の終わる日）、ついに寺内陸軍大臣は訓令を出し、米麦混食についての奨励を行なった。精米四合、挽割麦二合を「時機ノ許ス限リ」給与せよというものである。

麦は順調に前線に送られるようになった。ただし、方面による相違もあるらしく、ある部隊では麦飯を食べているし、別の所では必ずしもそうではない。戦線や場所によっていろいろな証言がある。

第一軍近衛師団の輜重輸卒による従軍記によれば、第一軍兵站監部の命令で開戦の明治三七年三月から大量の麦を運んでいた。第一軍の軍医部長は森と同期の麦食を推進していた谷口軍医監だった。確証はないが、谷口が独断で麦を運ばせたのだろうか。山下政三氏が作成した資料によって、八月開始説をもとに戦地入院脚気患者数を見てみよう。

脚気患者数は明治三七年五月には八四三人だった。それが翌月になると、たちまち四七五五人となる。八月には一万五九二二人とあり、二か月間でおよそ二〇倍の患者増加である。それが一部で麦飯が給与されるようになった九月には約一万三〇〇〇人と減る。一〇月は同一万一〇〇〇人、一一月同八〇〇〇人と減少の一途をたどり、明治三八年二月には五五五五人、四月には三四七七人、全軍に麦が行き渡った五月には三〇〇〇人ほどになる。根絶には至らなかったが、明らかに麦飯による脚気防止効果は現われているといっていい。

ただ、現在のビタミン学で計算しても、米四合と麦二合のビタミンB1は〇・九ミリグラムほどでしかなく、運動し、体力を使う兵卒には一日で一・五ミリグラムが必要であるとすれば、とても麦が特効薬になったわけではなかった。何より、貧しすぎる副食が問題だったわけである。

陸軍衛生部への批判――軍医が足りない

衛生部員が不足しているのではないかという疑念が世間に起こってきた。ようやく発達した戦地報道、従軍記者たちの活躍のおかげである。入院患者が五〇〇〇人以上もいたのに、医官はわずかに七、八人しかいなかったという目撃談や、脚気の重症患者が入院しても医官不足のためにろくな治療も受けていないと非難する報道もあった。

医官は不足していたのか。実は、現役軍医も少なく、予備・後備の医官も足りなかった。陸軍は厳格な資格社会だったから、正規の医学校を出た医師しか軍医にはしなかった。漢方医あがりの地域医療に従事する人たちは採用しなかったし、開業医試験の合格者はすでに年齢的に兵役を果たすには大方が無理だった。

『日露戦役陣中日誌』の著者、多田海造は明治一五年生まれ、明治三三年に東京慈恵医院医学校に入学し、明治三五年には医術開業前期試験に合格した。その年、一二月に現役兵として近衛歩兵第二聯隊に入営、明治三七年二月、動員下令され看護手として出征する。明治三八年一二月に現役満期除隊、同年に日本医学校に入学し、明治四四年に医術開業後期試験に合格した。五七五日にわたった看護手（上等兵相当）としての経験をつづっている。そのなかに慈恵会医学校の同級生の運命も書かれていた。多田現役看護手が出征準備中に、すでに前年の後期試験に合格した同級生が輜重輪卒の第一補充として入営してきた。動員四日目、二月九日のことだった。医師免許が彼に下りるのはこの年（明治三七年）の四月である。

「君ヤ来ル四月ヲ以テ正ニ医師タラントスルノ人。然カモ今ヤ召集セラレント。君ノ為メニハ前途寒心ニ堪ヘズ。是ヲ思フニ付ケテモ吾身ヲ思ヒツ只ダ涙ノミ」

いったん決まった兵籍を変更するのは簡単なことではなかった。輸卒の補充で召集されたならば、当然激戦地に送られる。おそらく徴兵検査時に身体虚弱、あるいは背丈が不足ということから輪卒第一補充に指定されたのだろう。彼の前途を思えば、あまりに運命の過酷さに泣いたのだ。自分も同じ、学校歴もあり、前期試験に合格している身である。それが前線に出る隊附の衛生兵でしかなかった。

高等教育と医師・軍医

医師養成と軍医採用数の関係を見るには、当時の教育制度と医師免許制度も整理し直さねばならない。このころ、卒業と同時に医師免許が取れるのは東京と京都の帝国大学と「府県立甲種医学校」、そして五校の「高等中学校医学部」だけだった。甲種医学校とは京都府立医学校（現在の京都府立医大）、大阪府立医学校（大阪帝国大学発足時に医学部）、愛知県立医学校（名古屋帝国大学発足時に医学部）の合計三校にしかすぎなかった。

五校の高等中学校医学部とは、千葉・仙台・岡山・金沢・長崎の各官立甲種医学校である。あまり知られていないが、第一から第五までの各高等中学校には医学部があった。順に、東京・仙台・京都・金沢・熊本の各高等中学校に理科・文科とともに設置されていた。それが明治三四年に分離独立し、千葉・岡山・金沢・長崎の各官立医学専門学校となり、のちにすべて官立医科大学となる。仙台の二高医学部のみは東北帝大の発足時に医学部となった。

この帝大医学部に準じた五校の卒業生は明治一八年から三三年までの一五年間で約三二〇〇

日露戦時の衛生部員。衛生部の定色は深緑である

人である。同時期の帝大卒と比べるとおよそ七倍という数になった。この医学部の教育の特徴は、ひたすら実践医療での臨床力重視だったことである。外国語教育は入校後一年間だけだった。しかもその英語教育は週三時間のみだった。解剖学や病理学という基礎学を減らし、臨床実習に全単位の四割をあてるというものである。このような教育課程の狙いは、地域の開業医の指導者育成であり、同時に軍医要員養成だった。

教育社会学者の天野郁夫氏によれば、第二高等学校医学部で明治二四年から二八年の卒業者一二三人の進路を調べたら、開業医五八人、軍医二二人、病院勤務医一五人となっているという（不明の者一〇人がいたので合計は一〇五人）。五人に一人が陸海軍軍医となっていた。

医師養成の頂点に立つ東京大学医学部と後身の帝国大学医科大学の卒業生数は明治二四年まででで合計四三〇人にすぎない。そして、職業との関係で見ると「官庁勤務」とされているのが一三八人にのぼる。つまり全体の三二パーセント、三人に一人が「官庁」、これは内務省の医官や陸海軍軍医を指すのは当然だろう。また、教員が一一七人と次に多いが、これは帝大や府県立医学校、高等中学校医学部の教員となったはずだ。私立病院勤務者はわずかに五人、開業医が一一三人であるが、官医であることを辞めた人も含まれる。なお、帝大医学部の入学定員は五〇人くらいとされるが、卒業生数は毎年四〇人ほどという数字がある。

医師総数は日露開戦の明治三七年当時、三万五〇〇〇人、人口一〇万人あたりで七四人だった。この三万五〇〇〇人のうち、帝国大学や前記の三校を出た者はせいぜい二〇〇〇人ほどでしかない。あとはほとんど漢方医出身の府県免状、そして医師開業試験合格者だった。さらに歯科医師となると、わずか七八〇人、薬剤師が三二〇〇人でしかなかった。ちなみに平成一五年の医師総数は二七万人、人口一〇万人あたり約二一〇人となっている。

これらの数字から陸軍軍医団の構成が見えてくる。頂点に立つのは毎年陸軍衛生部委託学生となる一〇人ほどの帝大医学部卒業生であり、続いて各府県立、官立医学専門学校の委託生徒卒業生だった。また、ごくわずかであったが明治三〇年の制度には「軍医学校生徒」を志願し

陸軍軍医学校。現在の千代田区麹町にあった。

て入校する道もあった。医師免状を取得して正式に軍医に採用されると、大卒は中尉相当官、専門学校卒は少尉相当官になった。また、予備員養成として一年志願兵制度が用意されていた。

一年志願兵とは、昭和二年の兵役法で廃止されたが、有資格者（中等学校以上の卒業者）が志願受験し、合格すると通常三年の現役が一年にされた。一般兵科、衛生部、獣医部、経理部の志願者はそれぞれ特別の教育を受ける。兵科のほかはそれぞれ各部の少尉相当官に任官して予備役に編入された。野口英世が医師を志して会津若松で学んでいたときの後援者は開業医、渡部鼎《かなえ》だった。米国の医師免許を持った渡部医師はそのコースで予備三等軍医になっている。

軍医不足は脚気の大発生が原因

戦時の野戦師団の総人員数は一万八七〇〇人（概数・以下同じ）にもなる。衛生隊が四九〇人、野戦病院は四〇〇人であり、軍医官は合わせて三〇人が必要になった。ほかに野戦隊の聯・大隊附きの軍医官はやはり三〇人から四〇人にもなる。さらに師団の動員は兵站諸部隊も召集する。兵站監部員として二人、衛生予備員（兵站病院より後方に開設する定立病院）に一四人、衛生予備廠、患者輸送部に各一人だった。合計で八〇人強ほどになる。平時の定員が三〇人ほどだったから戦時には三倍の員数に膨れ上がるのである。

軍医の不足が実は脚気の大発生が原因だろうという批判が部外から起こった。東京帝国大学医科大学教授・山極勝三郎は「脚気病調査会」を設けて、緊急に病因と対処法の研究を行なうべしという論説を書いた。日露開戦二年目の明治三八年一月一日のことだった。

山極は同じ気候風土に戦いながら、ロシア軍に脚気患者がいないことに注目し、脚気病患者の発生とその手当てが衛生部員の負担になっていることを憂えた。この意見は帝大教授の発言でもあり大きな反響を呼んだ。衆議院でも建議案は通過し、内務省が検討を始めた。予算も付き、医科大学や伝染病研究所を中心にして陸海軍軍医も含めた委員会が開かれそうになった。

ところが、翌三九年になると、医師・医学界の関心はすっかり「医師法改正法案」に向き、世間の気分は凱旋する将兵の歓迎行事に沸き立ってしまった。のど元過ぎれば熱さ忘れるということわざどおりだった。世間一般にもあった脚気病など軍隊に流行したところで当たり前、当事者である軍医にとっても、傍観者のマスコミにとっても忘れられるものとなった。

小池陸軍野生衛生長官の責任を追及

明治四〇年一月、海軍軍医大監（大佐相当官）が脚気病の真相が解明されていないと述べ、脚気は糧食改良で防げる、陸軍は海軍を見習えという趣旨の所感を医学雑誌に投稿した。四月には戦時中に広島予備病院に勤務し、脚気の惨害を目の当たりにした東京帝大卒の医学士が米の中毒説を唱え、同じ雑誌に論文を掲載した。米麦を混食しても患者は減るが根絶しない。米食を全廃してパンを兵に支給すべきだという激しい意見である。また、衆議院ではすでに二年前に提議した同じ代議士が政府に「脚気調査会」の開催を迫った。

これに対して陸軍衛生部は余計なお世話と言わんばかりに対応した。陸軍もすでに米五麦四の給食を実施しているだけでなく、伝染病とも疑う研究にも励んでいるという。これに反発したのか、医学士はさらに「海軍の対処を見習え」という内容を発表する。

ここまでいわれては陸軍軍医団もついに自制心を忘れた。医務局衛生課長三浦一等軍医正は雑誌記者のインタビューに答えた。そのなかで、麦食以外の副食の違いが陸海軍にはあるのではないか、環境の違いなど複雑な原因があるのだろうと語った。ここまではいい。問題は次の言葉である。

「海軍は脚気を末梢神経麻痺という診断を下し、統計上、脚気発生数を隠しているのではないか。陸軍はこれに対して、脚気をきちんと統計上入れているからこそ大量の発生になっている」

これに対して、海軍軍医から猛反発があった。しかし、山下政三氏の考察によれば、この陸軍軍医の暴言は記者の捏造、発言のねじ曲げだったようだ。論争を大きくして雑誌の部数を伸ばそうとしたわけである。

これに対して海軍横須賀病院長斎藤軍医大監が反発した。

「陸軍は全般に麦食を実行したわけではない。北清事変でも日露戦役でも米食ばかりを支給していた。明治三七年一〇月中旬に旅順の第三軍司令部を訪れた時、道中でみた陸軍部隊はみな米飯を食べていた。副食物はたくあん漬け二、三切れと、干しイワシ二、三尾、あるいは牛肉の一ポンド缶を八人ばかりで分けていた。大連港の揚陸場にはかます入りの米が野積みされていたが、麦は少しも見当たらなかった。柳樹屯の野戦病院、大連の兵站病院も視察したが脚気患者で充満していた。広島の予備病院でも同じで数千の内科患者はすべて脚気だった」

「ただし」と続けて、明治三八年の春ころから麦も支給されるようになった、と書いている。

それは聯合艦隊参謀の連絡将校である海軍中佐が現地を見て、大本営に帰って山縣参謀総長に直言したからであるというのだ。また、陸軍がいう海軍との環境の違いについても、事実をもとに厳しく反駁した。

「海軍は旅順に陸戦重砲隊を派遣した。そこでは衛生状況からいえば衣服・住居・労働と少しも陸軍兵と違いはなかった。大違いは糧食だった。配属された時、第三軍の給与を受けたところ、その糧食のあまりの粗末さに驚いた重砲隊軍医長は、聯合艦隊軍医長や司令長官に直訴し、給養は海軍部内の水準を満たすようにした。すると海軍兵には脚気は出なかった。これに対し、陸軍兵の惨禍はひどかった。小池陸軍野生衛生長官の責任は大きい。しかも取りつくろった統計を出し、恥というものを知らない」

また、末梢神経麻痺の病名の問題については、その統計も示し、明快に否定した。そのうえで陸軍が赤痢の大部分を大腸カタルの病名にごまかしたような卑劣な真似は、海軍は決してしないということどめのひと言まで付け加えた。

そして事態は思わぬ方向に進んだ。小池軍医総監に対する個人攻撃である。すべて小池が悪い。たしかに戦場衛生に関しては小池こそ責任者である。だから非難攻撃はやむを得ないという面もあろうが、すべてを小池のせいにするには、いささか不当としか思えない。

苦労をきわめた軍需物資の調達

日露戦争の実態は、幕末の開国以来、わずか半世紀しか経っていない貧しい日本の国力の限りを尽くした戦いだった。国民の多くはロシアに併呑《へいどん》されることを恐れていた。そのために重税にも耐え、働き手が有無をいわさず兵営に送り込まれても表立った抵抗はしなかった。

いったい戦争によっていくらぐらいの金が使われたのか。臨時軍事費とは官庁の通常の一般経費とは別に、特別な方法で集められ使われた金である。総額は一五億一〇〇〇万円、うち陸軍費一二億九〇〇〇万円だった。海軍費は二億二〇〇〇万円になった。

日清戦争の約二億円の七・五倍、明治三五年度歳入総額二億五〇〇〇万円の約五・五倍にのぼった。一五億円あまりのうち公債・国庫債券・一次借入金は一四億九〇〇〇万円になり、ほとんど借金で戦費をまかなったといっていい。

非常特別税といわれた増税によって得た金は一億三〇七〇万円で、その内訳は地租（不動産税）が四二五〇万円、所得税一〇五〇万円、営業税一〇八〇万円、砂糖消費税一〇五〇万円、印紙収入一〇五〇万円、たばこ専売八五〇万円、塩の専売一五〇〇万円、その他二二四〇万円である。これらがいかに国民生活を圧迫したか、一円を一万円として現在の価値に照らしてみるとよく分かる。

失われた生命は陸軍の死者八万四〇〇〇人あまり、うち病死が二万三〇〇〇人を占めた。そして戦後の社会に、さらに深刻な影響を与えたものは傷痍疾病による兵役免除者が三万人も出たことである。

こうしたなかで軍需物資の調達も苦労をきわめ、その輸送や保管、保存も難問の連続だった。

米と麦やその他食糧、馬糧の調達量を調べてみよう。

南満洲ではすでにロシア軍が開戦準備のために物資のほとんどを事前に集めていたため、「糧《かて》を敵地にとる」ことはできなかった。米については一日精米六合を追送することになり、明治三六年の生産量のうち一〇八万石（一石＝一五〇キロとして一六万二〇〇〇トン）、翌明治三七年産米から一一四万石（同前一七万一〇〇〇トン）を軍は集めた。うるち米の生産高は順に四一八四万石、四五五一万石だから、それぞれ全生産量の三パーセントくらいにしかすぎない。だから、米が足りなかった、国民生活に影響が大きかったとはとてもいえない。

ところが戦場の機動力、馬については問題が起きた。馬糧の規定では、野戦では一頭あたり大麦一日五升（九リットル）、干草一貫（三・七五キログラム）を支給することになっていた。運動をしない輸送中の船上では大麦三升、ふすま（種皮、胚芽）一升、干草一貫だった。

問題は大麦と干草だった。大麦は約二八〇万石（四二万トン）が買い集められた。この年の大麦の全国生産量は約八九〇万石（一三三万五〇〇〇トン）だったから、軍がその三〇パーセントを購入してしまったのだ。平時には大麦の価格はおよそ米価の四割くらいだったが、明治三七年三月には品不足からその価格が上がり、一石あたり八円で同月の米価一三円の六割にもなった。

大麦は古くからわが国で人気のある穀類だった。鎌倉時代ころから二毛作が広がると、米の裏作として大麦の生産が増えてきた。大麦は寒冷な気温と乾燥を好むため、秋に蒔いて春に収穫する。田畑が無駄に空くことがない。大麦は作付面積も増えていった。製粉しなくては食べにくい小麦に比べると、大麦はそのまま粒食《りゅうしょく》ができるし、熟するのも早かった。米と炊き合わせて「かさ増し」にもできたし、麦だけを食べても栄養は十分だった。

明治のころには小麦が全国で五〇万町歩（五〇万ヘクタール）植えつけられ、それに比べて大麦は一三〇万町歩（一三〇万ヘクタール）も栽培されていた。都市には白米食が増えていたが、地方の農山漁村では大麦で米を補っていたことが分かる。

この状況の中で馬糧用の大麦を陸軍が集めるのに苦労したのは、あわてて馬糧用の燕麦《えんばく》の生産を奨励したことで想像がつく。大麦に代えて燕麦を調達するようにしたが、それも農事行政上で大きな混乱をもたらした。

何より不足したのは秣《まぐさ》と干草である。もともと牛や馬、羊などを食料にするために大量に育てる欧米と比べれば、その習慣がなかったわが国のことである。飼料用牧草の栽培の必要性など誰も考えていなかった。戦役間の国内からの総調達量は八〇〇〇万貫にも達した。三〇万トンである。これに輸入した圧搾秣がおよそ一〇〇万貫、三七〇〇トンあまりだった。これに大陸の現地で調達できた量が五五〇〇万貫、二一万トン、合計五〇万トン余りで戦場の機動力だった馬を維持した。その購入費は一三〇〇万円にのぼった。

悲惨な補助輸卒の脚気患者

輸送力も貧しかった。馬は次々と倒れ、悪路に阻まれ、輸送用の車輛（荷車など）も足りなかった。「輜重輸卒が兵隊ならばチョウチョ、トンボも鳥のうち」と馬鹿にされた補充輸卒の実態はそこから生まれた。彼らの多くは中卒などの当時としてはインテリであり、都会に住むひ弱な人々が多かった。「短身甲」（身長こそ甲種には足りないが身体は頑健）という人ならまだしも、乙種合格で輸卒補充に回された人の体格は貧しかった。まともな被服も与えられず、銃剣すら支給されない。給養も前線ではないからと後回しにされ、現地の中国人たちからも「日本苦力兵（クーリーピン）」と呼ばれた。苦力は当時の中国の下層肉体労働者である。軍人とも思われなかったのだ。

こうしたすべての無理、貧しさが戦場の兵卒たちの背景にあった。

この補助輸卒隊に属した人々の脚気罹患がどれほど悲惨だったか。兵科別の脚気患者数の統計が残っている。歩兵が四万一〇〇〇人、騎兵は一一〇〇人、砲兵八五〇〇人、工兵四一〇〇人、輜重兵五〇〇〇人、そして主に兵站部隊などに属した補助輸卒は三万五五九人という数字がある。歩兵が多いようにみえるが、分母が大きいためで歩兵兵卒全体の罹患率は一・八八パーセントにしかすぎない。ほかの兵科はそれぞれ騎兵〇・九八パーセント、砲兵一・四五パーセント、工兵一・九五パーセント、輜重兵一・八三パーセントだった。

そして、この砲兵や輜重兵の中には砲兵輸卒（弾薬大隊に属して銃砲弾の輸送をする）、輜重輸卒（輜重縦列などに属して糧秣や医薬品を運ぶ）、砲兵助卒（要塞砲兵の中で弾薬運搬にあたった）も入っていた。現役・予備役の砲兵輸卒・助卒や輜重輸卒には頑健な人が多かったのだ。問題は、補助輸卒の患者数のおよそ三万人という数字だろう。全体での罹患率、五・三二パーセントもの高率だった。この罹患率の高さからは補助輸卒は副食の支給も軽視されていたと思われる。

軽視され、酷使され、そのうえ「チョウチョ、トンボ……」と嘲《あざけ》られたのは補充の輸卒だったのだ。

第七章　臨時脚気病調査委員会

脚気調査会の発足

森林太郎、軍医総監に昇任

石黒忠悳は陸軍省医務局長を最も長く務めた。日清戦争では野戦衛生長官になり戦時衛生行政の指揮をとった。終戦後の二年目、明治三〇年九月に石阪惟寛に道をゆずって勇退する。在職は七年、年齢は五二歳である。小池正直はどうかというと日露戦後二年目、明治三一年八月に医務局長に就任して職にあること九年、年齢五三歳だった。小池は明治四〇年一一月一三日、予備役編入願いを出した。その離任のときに、医務局員を小池は集めた。そこで語られた

のは、

「脚気の問題は未解決であり、陸軍のみならず国家的な問題である、病原も発見されず、その予防法すら確立されていない。そして将来必ずこの問題の解決に努力されたい」

というものだった。

小池はすでに九月二一日に男爵を授けられていた。前年に行なわれた戦役の論功行賞では、功二級勲一等に叙せられていた。また、この四年後には貴族院議員に勅選されるといった栄誉に包まれている。

小池の辞任の日、軍医監森林太郎は軍医総監に昇任し、医務局長になった。

この年度の人事異動をみると、三月に菊池常三郎軍医監は同総監に昇任してただちに予備役編入、落合泰三軍医監は総監になれずに予備役編入になった。そして、小池の辞任当日、軍医監谷口謙、同横井俊蔵、一等軍医正柴田勝央、同岡田国太郎も現役を去った。この高級軍医官たちは全員が東大出身者だった。

新しい軍医監は五人が生まれたが、この全員が東大出身者ではなかった。また、医務局の二つの課の長、衛生課長と医事課長は両人ともに同じく東大卒ではない。つまり、森が新しい医務局長として実行した人事は、まるで東大閥を排除するかのようであった。いろいろと推論もできるが、森の日記や記録には、このあたりの事情は書かれていない。

「臨時脚気病調査委員会」の設立

この時期と重なって政治と世論は動きだしていた。一度議会で提案され、内務省が実施しなかった脚気病調査委員会設立の気運が高まってきたのだ。

森が局長になってはじめての新年一月には、森の大学の三年後輩にあたる本多忠夫海軍軍医総監（明治一七年卒）も調査会の設立を急ぐよう論文の中でうながした。

森の行なった人事はそのことにも関係があるようだ。衛生課長に任じられた大西亀次郎一等軍医正は日露戦争中には広島予備病院長だった。戦地から後送されてくる脚気患者を目の当たりにした軍医だった。大西の学歴は東大卒ではない。三等軍医から始めた軍医講習生の出身である。現場の勤務が多く、それだけに脚気の実態に詳しかったことは確かだ。

1907年、軍医総監に昇任し医務局長になった森林太郎は新しい人事を行ない、「臨時脚気病調査委員会」の設立にも大きな力を注いだ。

当時の陸軍大臣は自らも脚気

患者だったことがある寺内正毅だった。寺内は高名な脚気専門医だった遠田澄庵の患者だったこともあり、麦飯を食べ続けている。また、日清戦争では大本営野戦運輸長官だった。大陸・朝鮮への麦の輸送にも心を砕いていた。

日露戦後の陸軍は何よりもロシアの再進出を警戒していた。新しく制定された国防計画（明治四〇年度）は平時二五個師団とそれに相応する後方兵站部隊、騎兵・砲兵旅団などを整備し、戦時にはそれを倍増した五〇個師団基幹とした野戦軍を編成しようという壮大なものだった。兵力、資材、軍馬、砲弾の欠乏に悩まされたのが日露戦争だった。奉天会戦も敗走するロシア軍を追撃もできずに見逃すしかなかった。和平が実現したからよかったものの、下級幹部の消耗も激しく、これ以上の継戦能力はもう尽きていた。

有事になって、またもや脚気の惨害にさらされることになったらどうなるか。陸軍上層部のみならず、国家の指導層は真剣に考えずにはいられなかったのだ。

森は全力を挙げて調査会が開かれるように努めた。寺内をはじめとして軍上層部も後押しをした。問題になったのは文部省と内務省の反対である。文部省は脚気の病原と治療を研究するのは学術的行為だから文部省の管轄下であるという。内務省は、一般脚気の調査研究は衛生問題だから内務省の管轄下に置くべしということだった。いまも変わらぬ役所間の管轄争いである。そこで間に立った法制局が考え出したのは、「臨時脚気病調査会」という臨時を頭に付けた会を設立するということだった。みなの顔を立てようという思案である。また、予算はすべて陸軍が受け持つといった対応が功を奏した。

ドイツ細菌学者コッホの提言

こうして明治四一年五月三〇日、調査会の官制が公布された。その同じころ、ドイツの細菌学者コッホが来日した。コッホはノーベル賞を三年前に受賞したばかりの医学界の世界的権威者である。コッホは伝染病研究所長北里柴三郎のドイツ留学時代の恩師だった。その北里に仲介を頼み、森はコッホと五月下旬、直接会うことができた。帝国ホテルで森は北里、東京帝大医科大学長青山胤通《たねみち》と四人で会合した。そのときにコッホは次のように語ったという。

（一）シンガポールやスマトラ（現在のインドネシア）で流行するベリベリとアジアに流行する脚気は同じものではないだろう。ベリベリは伝染性があるが、脚気には伝染するものとしないものがある。死亡率で比べればベリベリは五〇～七〇パーセントくらいだが、脚気は七パーセント程度でしかない。脚気には二種、あるいは三種の病気が混合しているのではないか。それを一種類であるかのように考えて伝染する、しないという論争は無意味だ。

（二）診断法を確立せよ。昔はチフスを診断するのに、回帰熱もパラチフスもすべてチフスとしたが、研究の結果、チフス菌がみつからないものはチフスではないと判明した。日本の脚気は一つが伝染性の病気、もう一つは栄養不良から起こる病気の二つがあると思う。それを混同してどちらも脚気としているのではないか。
（三）原因の研究は後回しにせよ。解剖上で脚気に似ていても、学問から見て正しい診断法ではない。原因が異なっても臨床上では同じように見えることがあるので、この点によく注意して、原因の究明は後回しにして、誤診しないようにすることが大切である。
（四）ベリベリを研究せよ。伝染性の脚気を明らかにしたいならば、流行地のシンガポール、スマトラ地方に遠征して研究せよ。日本の脚気を研究するには海外遠征の必要はない。
（五）比較研究が大事である。顕微鏡をあてにして研究室だけにこもるな。根源地に出かけて、ベリベリの本体を研究すれば、日本の脚気とベリベリの違いが明確になるに違いない。

この脚気には二種類があるという細菌学の世界的権威の言葉は、陸海軍をともに喜ばせた。脚気は伝染病だと考え、環境衛生の整備に努めてきたのが陸軍。栄養障害説をとって糧食の改良に打ち込んできた海軍。そのどちらの顔も立てた見解である。しかし、医学界主流の大勢はまだまだ伝染病説が盛んだった時期でもあり、とくにコッホの言説がもてはやされたわけではなかった。

しかし、森の脳裏には大きな灯りがともった。まず、調査会がするべきことはベリベリの研究であると信じたに違いない。五月には調査会の委員が任命された。伝染病研究所から三人、陸軍軍医が五人、海軍軍医も二人、学界を代表して京都帝大医科大学は二人、東京帝大医科大学の四人、他医学博士一人を差し出すといった構成である。当然みな医師であった。臨時委員としては東京帝大医科大学長青山胤通、伝染病研究所長北里柴三郎が任命された。そして委員長は陸軍省医務局長森林太郎軍医総監、幹事には大西医務局衛生課長が就任した。

発会式は七月四日、陸軍大臣官邸で開かれた。前述したように、そこでの寺内陸相の挨拶の後半はひどく参会者を戸惑わせた。いまも有名な逸話である。日清戦争時、自身が野戦運輸長官であったときに麦飯を野戦軍に送ろうとしたが、それを阻止したのが石黒と森だったと暴露したのだ。

「当時、石黒男爵はどうして麦など支給するか、脚気に効くのかと詰問された。おかげで麦の支給は中止され、そのときにはこの席にいる森医務局長も石黒説の賛同者でいっしょに自分を詰問した一人である」

森は苦い思いでその非難を聞いたことだろう。

見過ごされたエイクマン医師の論文

一五世紀から二〇世紀の初めにかけて、スマトラ島（インドネシア）の西北部にアチェ王国というイスラム教に帰依《きえ》する国があった。オランダの植民地拡大に反抗したために、明治六（一八七三）年一二月にオランダは王国に宣戦を布告した。アチェ戦争の始まりである。以後、三〇年にわたり戦争は泥沼化した。この戦争中に現地兵も含んだオランダ軍将兵にベリベリが発生した。兵員の二割から三割が罹患し、死亡率も五パーセントになった。

事態を重く見たオランダ政府は調査団を明治一八（一八八五）年に派遣した。調査団は九か月にわたってジャワとスマトラでベリベリの調査研究を行なった。この調査団の中に若い助手としてエイクマン医師（一八五八～一九三〇年）がいた。調査団は帰国後、病原菌を発見したとして報告を出したがそれは誤りだった。しかもそれを指摘したのがドイツ留学中の北里柴三郎である。脚気と日本人の因縁のひとつであろうか。

エイクマンは調査団の主力が帰ったあとも現地に残り、白米だけを食べたニワトリが脚気にかかることを発見した（一八八九年）。エイクマンはジャワ原住民の囚人たちに注目した。彼らの多くは脚気にかかり、しかも死亡率がきわめて高かった。エイクマンは病理学者でコッホの弟子でもあった。彼は囚人の食生活に注目した。

オランダ人には脚気は見当たらない。原住民に多く、しかも囚人には異常に高い比率で発生する。エイクマンはしばらく脚気の細菌学的な研究をしていたが、ようやく米に目が向いた。囚人は自分に支給された玄米を自分で精白する規則があった。彼らは精米をとことん行ない、極端なほど超白米化して食べていたのだ。その方法は容器の中に玄米を入れ、棒で根気よく搗くといったやり方だった。わが国でも戦時中の思い出話などで一升ビンに玄米を入れて棒で搗いて精白したとよく聞く。

さっそく、彼はニワトリを白米だけで飼育してみた。驚いたことにニワトリは人の脚気に似た多発性神経炎を起こした。玄米を与えると発症しない。あるいは白米に米糠を加えるとニワトリの神経炎症状が治った。彼は「白米には脚気を起こす毒があり、この毒作用を米糠の解毒物質が中和する」ための治癒効果だろうと考えた。のちのビタミンの発見につながる大発見だった。

そして人のベリベリとニワトリの脚気が同じであることを発表する。そのおかげで、人のベリベリと白米との関係が注目され、東南アジアの植民地ではヨーロッパの医師によって研究が続けられた。そして一九世紀の終わりごろには、ベリベリの病原は精白された米食にあることが明らかになっていた。

では、どうしてわが国ではこの実態が知られなかったのだろうか。問題は明治二二（一八八九）年から同二八（一八九五）年にかけて発表された彼の論文はすべてオランダ語で書かれたことにあった。このため日本の医学界はすっかりこれらを見落としてしまうのである。

半世紀前まではオランダ語ができることが有能の証だった。オランダ語を読解できる人物は幕末の寵児だったといっていい。それが短い時間で否定され、英語が外国語の主流になった。その後、陸軍はドイツ語を重視し、海軍は英語を主とし、学校教育でも英独仏語（しかも中等学校ではほとんどが英語）が主流になった。そのためオランダへの関心が薄れ、それに加えて当時の日本人の学者たちの感覚ではジャワやスマトラ、シンガポールなどは欧州先進国の植民地でしかなく、学ぶ対象が存在する所ではなかったのだ。

ベリベリ調査班の出発

派遣されたのは陸軍二等軍医正都築甚之助《つづきじんのすけ》、東京帝大医科大学助教授宮本叔《しゅく》、伝染病研究所技師柴山五郎作と判任官の属（下級事務官）一名である。経費は陸軍の一般会計から支出し、予算は一万五〇〇〇円、出張期間は三か月とされた。八月二九日、東京九段坂上の偕行社でバタビア（インドネシアの首都）派遣委員の壮行会が開かれた。この会合には寺内陸相、小松原文相、大学教授、宮中侍医、陸海軍軍医、高名な医師たちが二〇〇人近くも集まった。会の冒頭には、元医務局長石黒男爵が発起人代表として挨拶をしている。

明治四一年九月二日、四人は横浜港を出発、上海、香港、シンガポールを経て、二七日にバタビアに到着する。オランダ領インド総督に会見、調査研究上の便宜供与を依頼した。総督府は好意的で、現地の軍医総監・衛生局長に命じて手厚く応援してくれた。そのおかげで委員たちはバタビアにある陸軍病院、市立病院、中国人病院などを見学できた。ところが、予想に反して、これらの病院にはほとんどベリベリ患者がいなかった。すでにビタミンB1を多く含む熟米や緑豆を食べさせる予防法が実施されていたので、一般のベリベリが減ったことや、明治三六（一九〇三）年にアチェ戦争が終わったことで、軍隊内のベリベリが激減したことによるものだった。

ただし九月三〇日にはバタビアから離れたベリベリ病院と精神病院には患者がいることを知らされ調査できた。また、錫《すず》の鉱山があるバンカ島には患者がいると通報があり、一一月半ばにはそこで調査を行なった。錫の採掘の重労働に従事する鉱夫たちの多くは脚気にかかっていた。帰途にはシンガポールと香港に立ち寄り、そこでもさらに調査を行なった。すべての任務を終えて帰国したのは一二月一九日だった。

報告会は明治四二年二月八日、陸相官邸で開かれた。そこで委員の宮本帝大助教授は臨床所見と病理解剖による所見から、「ベリベリと日本の脚気はまったく同じものである」と結論付けた報告書を提出した。

意見が割れた調査会の結論

五月一五日には調査復命書が『軍医団雑誌』に掲載された。内容は「疫学的観察」「原因的研究」「臨床的及び解剖的観察」などの章に分かれていた。注目すべき記述がある。
（一）伝染病を証明する結果は出なかった。細菌検査・補体結合反応・動物接種試験を行なったが、すべて陰性だった。
（二）白米原因説を否定する。現地のベリベリ研究者による白米が原因であるという説を認めていない。白米でも玄米でも熟米でも脚気の発生に大差はなかったという、きわめて例外的な事例を取りあげている。

伝染病ではない。現地で玄米・熟米支給や緑豆による絶大な予防・治療効果を実見しているのに、「尚ホ反復実験セザルベカラズ」「尚ホ多ク観察セラレザルベカラズ」という結論はどうしたことだろう。たいへん不思議である。委員会でも結論の書き方に困ったのだろう。

「身体を衰弱させる事情、たとえば食物の不足や過度の労働などさまざまな疾患はベリベリの素因となることは疑いない。ただ、それは真の病因ではない。米や乾燥した干し魚を食べ続けるといったことも素因だろうが真の病因ではない。空気の湿潤や乾燥もまた同じである」

おそらくと報告書は続ける。

「或物（エトワス＝ＥＴＷＡＳ・ドイツ語）」があって、それが既述の素因があった場合、暴威をふるうのではないか。「もし、その『エトワス』がなければ、ほかの条件がいかにそろっても、ベリベリは発生しないのではないか」という。

エトヴァス（原音に近い表記にする）については詳しい説明はない。ただ、委員たち二人の背景がある。宮本助教授も伝染病研究所柴山技師も伝染病説の信奉者だった。宮本の上司である青山胤通（東京帝大医科大学長）、柴山の上司北里柴三郎もまた伝染病説を確信する人たちだった。

その中で陸軍軍医官の都築甚之助（習志野衛戍病院長・二等軍医正）だけは立場を異にした。以前には自分の脚気菌を探した研究が失敗に終わっていたこともあり、脚気伝染病説をたぶん捨てていたに違いない。現地の研究者たちの「白米原因説」に強く影響されたのだろう。三人の意見が割れてしまっては明確な病因は書けない。せいぜいエトヴァスという言葉でぼかすしかなかったのではないか。

都築は明治二年に現愛知県刈谷市に生まれた。愛知医学校に入学、明治二〇年には第一高等中学校医学部（のち官立千葉医科大学、現千葉大学医学部）に進み、明治二三年四月に卒業した。五月に軍医に採用、一一月に三等軍医となる。同二五年には陸軍軍医学校に入校、主に衛生学を学ぶ。翌年に着任した学校長心得は森である。日清戦争では台湾征討の近衛師団附として従軍する。明治三一年には私費、次いで官費でドイツに留学した。東大出ではないが、まっとうな医学教育を受けた軍医であり、留学しての学位取得など森にも信頼されていたと考えられる。

ベリベリの発生地ではすでに「白米原因説」が確定していた。ただ、白米の何がいけないのかについては結論が出ていなかった。白米には毒があるのか、白米では栄養欠乏になってしまうのかについては、まだ不明だったのだ。

副食の質と量に着目した都築の功績

森はさらに都築に命じて研究を前進させた。エイクマンの試験の再現というべき実験を都築に行なわせる。都築は精力的に研究を進めた。ニワトリ、ハト、サル、犬、猫、モルモットを使って白米を与える実験に取り組んだ。

都築は明治四三年三月の調査委員会にその実験結果を報告した。四月には日本医学会でも発表した。要旨は次のとおりである。

(一) 白米で飼育すると動物は人と同じ症状を起こし、解剖所見も同じになる。
(二) 玄米・熟米・焼米・麦で飼育すると動物は脚気にならない。
(三) 白米に米糠や麦や赤小豆を混ぜて飼育すると脚気を予防する。
(四) なかでも米糠が最も有効である。

ここから人の脚気も同じ原因ではないのか。ただし、人は副食物も同時にとるので多少はその発生原因は違うかもしれない。米糠の有効成分は水とアルコールに溶ける。そこで糠のアルコール滲出液から米乳（液体）と糠精（個体）を分離して、それぞれの脚気への効力を試験していると報告を結んでいた。動物実験を終えて、米糠の有効成分を抽出して効き目を確かめる段階にあることを公表したのである。

都築の動物実験と並行して、志賀潔（明治四三年八月に委員就任）は脚気患者に米糠を投与していた。米糠を加工して粉末剤にした「糠散」を患者に飲ませた結果、服用者の五八・五パーセント、およそ六割弱が快癒したり、症状が大いに軽くなったりした。三九九人の統計である。六割弱という数字はただちに有効であるという結論を出せるものではなかったが、将来に希望が持てる数字だった。

残念なことに、この実験は一年間しか続かなかった。都築が一二月に委員を辞任し、米糠の有効性を信じる委員がほかにいなかったとされる。これはいまとなってはたいへん残念なことだった。この米糠の有効成分こそ、のちのビタミン発見につながるものだったからだ。

翌明治四四年四月、都築は医学会総会でこれらの結果を第二回会報告として講演し、調査委員会でも発表した。すでに前年一二月には都築が委員を辞任しているのにこうした行動ができたのは会長だった森の好意的な配慮によるものであろう。それを裏付けるのは都築の報告書の冒頭に森への謝辞があることで分かる。

都築は報告書で、次のように述べている。脚気の原因である。

「動物の生活に絶対的に必要な栄養成分がある。それが欠けると、たとえ他の栄養素が充分であっても病気を発生する。このシヤウマン氏の『栄養一部の欠損説』の面から検討すれば、白米中には必要なある成分が欠乏していることになる。白米だけで飼育すると動物は脚気になる。白米を主食にするとヒトも脚気にかかる。しかし、白米を食べるヒトが全員脚気なるわけではない。どうしてこの違いが生まれるのか。もしも、ヒトが白米単一食なら確実に脚気になるだろう。しかし、ヒトは白米だけを食べるわけではない。実際に脚気になるかならぬかは、副食物の性質と多寡に関係することが大きいだろう。だから、副食物から白米に欠乏している必要成分を十分に補えれば、脚気にかからないものと認定できる。これが同一の家庭で、副食物が豊かな家族は脚気にかからず、副食物が貧しい女中や書生が多く脚気にかかる理由だろう。また、学生や工員などの寄宿舎生活者に脚気が多いのも、副食物が粗悪なためと理解できる」

この着眼は現在でもまったく正しい。副食の質と量が十分だからこそ、白米しか食べなくても現在の私たちは脚気になっていない。主食の白米のせいではなく、漬物と味噌汁といった「一汁一菜」の食事こそ、脚気の原因だったのである。

この副食物、おかずの質や量に注目したことが、都築の最大の功績だった。彼以外は誰一人気づかなかったものだった。ある研究者は、森と帝大の青山が「伝染病説」に固執するあまり、都築を委員会から外し冷遇したと解釈したが、この後に都築はさらにドイツ留学を命じられている。大正元（一九一二）年には一等軍医正に昇任し、ハイデルベルク大学で医化学を学んだ。この経歴からも冷遇されたとか、追放されたとは想像できない。それどころか、森は日記などで都築への圧迫があったことは認めているが、自らがそれに影響されたことはないことを十分うかがえる記述をしている。

都築は自分が開発した「アンチベリベリン末」、同じく「丸」「膠嚢入《こうのういり》（いまでいうカプセル剤）」を明治四四年四月から、九月からは注射液を実地治療薬（病院等で実用する）として友人を通して発売した。効き目は素晴らしく、多くの脚気患者がこれによって救われた。

オリザニンの開発

鈴木梅太郎が発見した未知の栄養素

明治四〇年九月に東京帝国大学農科大学農芸化学第二講座教授となった鈴木梅太郎《うめたろう》（一八七四〜一九四三年・現静岡県牧ノ原市出身）は前年二月、ドイツのベルリン大学から帰朝したばかりの新鋭学者だった。帰国後、岩手県盛岡高等農林学校（現岩手大学農学部）の教授となってすぐに東大にもどって助教授、続いて教授に昇任したばかりである。

農芸化学の専門家としてさまざまな研究に励んだが、米の栄養についても追究した。エイクマンの試験もやってみた。ニワトリやハトを白米だけで飼育すると脚気のような症状を起こして死ぬことも確認した。糠や麦、玄米を与えると予防効果があり、病気の動物の病状を軽くし、あるいは治癒させる成分があることを認めた。白米にはいろいろな成分が欠けていて食品として完全なものではないことも認識していた。

鈴木は糠の有効成分について高い関心を持っていた。都築の第二回報告にも注目していたのだろう。

農学とは、農産、水産、林産、畜産などの領域で生まれるさまざまな問題を、生物学、化学、工学、経済学などの視点から研究する学問である。農芸化学とは、なかでもわが国固有のユニークな分野をいう。生物が生産するもの（農産物・食糧・応用化学物質など）を化学の手法を主にして解析する学問として生まれた。これまでに農薬の開発、農業、医療、生活に役立つ生理活性物質の利用や、発酵技術による物質を生みだしたり、健康機能を持つ食品をつくりだしたり、社会に貢献する成果を上げてきた。日本農芸学会は大正一三年に創立されたが、この初代会長は鈴木梅太郎である。

鈴木は明治四三年五月には東京化学会で、それまでの研究結果を発表し、臨時脚気病調査会

農芸化学者の鈴木梅太郎。「米糠」に着目し、アベリ酸の製剤化に成功した。

でも同じ内容の発表を行なった。「米糠」への着目を特徴とした鈴木の研究のペースは速く、翌四四年一月の東京化学会誌へ寄せた論文は『糠中の一有効成分に就て』というものである。

この論文の主な内容は、米糠から結晶にはできなかったが、有効成分を樹脂状の塊として抽出を成功させたこと、収量は糠三〇〇グラムから約一グラムであること、酸性を帯びるので仮に「アベリ酸」と名付けたことなどである。それは、これまでの栄養品といわれた、たんぱく質、脂肪、炭水化物や塩類などには属さないものとされた。そして、この物質がないと動物は生きられないと結論した。アベリとは抗脚気の意味を持つアンチ・ベリベリに由来する。

米糠の栄養成分は抗脚気効力があるというだけにはとどまらない。ヒトの生存に欠かせない未発見の栄養素であることを言明したのである。

このアベリ酸の製剤化への研究も行なわれた。明治四四年八月には三共合資会社の名前で「アベリ酸を試製品として医界に提供する」と雑誌に広告を出した。この会社はいまも製薬メーカーとして残っている。そして販売されたときには、「オリザニン」が正式な名称になっていた。コメの学名、オリザ・サティバにちなんだものといわれる。この研究には後述する鈴木の前任教授、古在由直《こざいよしなお》の存在があった。

「白米だけを食べさせるとニワトリは脚気のような症状を示す」というエイクマンの論文がドイツ語で発表されたのが明治三〇（一八九七）年だった。前述したが、それがオランダ語だったため日本の医学界には気づかれなかった。ところがドイツ語に翻訳されると直ちに東京帝大医科大学は敏感に反応した。医科大学長青山胤通らによってニワトリを使った実験が始められた。エイクマンの報告どおりにニワトリは脚気になった。しかし、不思議なことに、これを青山たちは症状が脚気とは関係がないとし、その後の研究もやめてしまった。

脚気の原因はビタミンB1の欠乏

これとほぼ同じころ、同じ帝国大学の農科大学農産製造学教授古在由直（一八六四〜一九三四年）がこの問題に取り組んでいた。古在は京都府京都市出身（幕臣・京都所司代与力の子）で、明治一九（一八八六）年に東京駒場農学校（のちの帝大農科大学）農芸化学科卒、東京農林学校教授、帝大農科大学助教授を歴任し、明治二八年にドイツのライプニッツ大学に留学し、農学博士となり帰朝。留学中の師は著名な有機化学者エミール・フィッシャーである。

明治三三年に東京帝大農科大学教授となる。有名な栃木・群馬両県の渡良瀬川周辺の鉱毒問題では足尾銅山の排煙、鉱毒ガス、鉱毒水などの汚染によることを証明し、農民側に立って活動した。妻、豊子も自由民権活動家・小説家として有名である（筆名古在紫琴）。また、第二次世界大戦後の昭和四〇年に原水協（原水爆禁止日本協議会）の分裂に際して共産党を除籍されたマルクス主義哲学者古在由重（一九〇一～一九九〇年）は二人の次男だった。こうして見ると古在の血筋には反権威、人権重視のＤＮＡが流れているかのように思える。医科大学が行なわなかった米糠からの脚気対策研究を敢えて選び、後継者の鈴木に実行させたのもそのひとつの現れだったのだろうか。鈴木は古在が定年退官のためにやり残した研究を継承したといえよう。

三共合資会社によって発売されたオリザニンの売れ行きはまったく不調だった。ようやく大正八年に島薗順次郎《しまぞのじゅんじろう》によって用いられ、初めて脚光を浴びることになった。おそらくは開発者、鈴木が医師免許を持たない、医学者ではない、農科大学の教授だということへの偏見が医学界にあったのではないだろうか。

島薗は明治一〇年、和歌山市に生まれ、帝国大学医科大学を卒業し、ドイツに留学した内科学者だった。またのちに、昭和九年に脚気の原因は鈴木梅太郎の発見したビタミンＢ１の欠乏によるものと発表した。

鈴木はオリザニンの化学研究に打ちこんだ。研究成果をドイツ文にして大正元(一九一二)年にはドイツの『生物化学雑誌』に投稿する。その論文は『米糠の一成分オリザニンとその生理的意義について』というものである。ただ、純粋に分離することができたと思ったそれはまだ不完全なもので、ニコチン酸をふくんだ不純な化合物だったのだ。そのことに自ら気づいた鈴木はさらに研究を進めた。ところが、大正三(一九一四)年に欧州大戦が勃発、研究の中断に追い込まれてしまった。ヨーロッパからの染料や薬品の輸入が途絶し、それらの製造をしなければならなくなったからである。

研究が再開されるのは大戦が終わった大正九年以後になってしまった。そして、純粋な単離に成功するのは昭和六年のことだった。

脚気病調査会の実験調査

脚気病調査会も食餌や食物の調査を行なった。脚気予防のための実験である。試験観察を行なう地域は脚気病が多く生まれる炭鉱と漁村が選ばれた。炭鉱夫も漁師も重労働である。炭鉱で働く人々は大飯を食い、漁師は海に出れば一日に一升飯がふつうだった。のちの大正の米騒動は米価格の暴騰に怒った漁師たちの女房によって起きた。この実験調査の被験者についてはよく考えられていた。地域別、階層別が考慮され、さらに家庭食が重視され、主に夫婦が選ばれた。

主食の種別を白米、米麦混食、熟米と分けた。それぞれを毎日、一日あたり五合強（七五〇グラム強）を食べさせ、その差による脚気発生を調べた。ところが、結果を見るとどれも特別な差は出なかった。この理由は副食を制限しなかったためである。インドネシアや東南アジアの実験・観察の対象者は監獄の囚人や入院患者だった。副食が一定だったのだ。それに比べて、日本での調査はずさんともいえる。結果的には、白米飯でいちばん脚気が多く発生し、米麦飯混食がそれに次ぎ、最後が熟米飯だった。

熟米とは稲穂を刈り入れたあとすぐに脱穀せず、つまり玄米にしないで茎がついたまま穂の形を保ったままにしておく保存法をとった米である。イネは茎をつけて穂の形にしておけば、さらにデンプンを蓄える。しかもビタミンなどが落ちることもない。すでにインドネシアやシンガポールでは脚気予防に実績があった米飯だった。

食事全体を見渡しての調査でなければ、まるで意味はない。調査会はいまだにそのことに気づいていなかったといえる。あくまでも白米と麦、それに熟米の比較でしかなかった。

さらにこれに並行して現場調査もしていた。明治四一年にはインドネシアのバタビア付近、宮崎県の日平銅山とその付近の村落。四二年にはインド、南米行き移民が乗り込んだ汽船、伊豆網代村（静岡県）、土佐中村町（高知県）、さらに四三年には能登輪島町（石川県）、また四四年には朝鮮京城監獄分監の永登浦分監獄、高知県布施田村、新潟県豊実村の岩越線鉄道工事現場、朝鮮の鎮海湾漁場（日本人漁夫）、台湾と調査は続けられた。そして明治四五年と大正元年には、北海道北見・釧路方面鉄道従業員、千島鱈漁業者などなどである。もちろん、この後も大正六年まで調査は各地で行なわれた。

その結果はそれぞれ白米を主食にした者に脚気患者が多く、副食が貧しい者にも多いというものだった。この報告では、麦飯を主食とする者は脚気にかかりにくいという事実を認めていた。

極東熱帯病学会の決議

極東熱帯病学会にも柴山委員（伝染病研究所）を派遣している。明治四三（一九一〇）年にフィリピンのマニラで開かれた第一回学会では、「脚気は主食として白米を連続使用することに原因がある」と決議された。一九一二年に香港で開かれた第二回学会でも「前回の決議がいっそう完全に確認された」という決議が繰り返される。第三回学会（一九一三＝大正二年、インドシナのサイゴンで開催）には川島陸軍軍医が出席した。そこでは次のような決議案が採決された。

（一）脚気は食物中にある物質の欠乏によって起こる。ただし、その物質の化学成分は不明でである。

（二）その物質は半搗き米には脚気を予防するに十分な量が存在する。

（三）米を主食とする人民には不完全搗き米（非白米）を常食とするように努力勧告すること。

当時すでに東南アジアの植民地では、未知栄養物質の欠乏による欠乏性疾患であると認識されていた。ビタミン欠乏説が常識になっていたのだ。

それに対して、わが国内では依然として「伝染病説」と「中毒説」の勢いが強く、「未知栄養欠乏説」はなかなか受け入れられなかった。

それはなぜか。結果を知っているがゆえの「過去への予言者」はいつの時代にも存在する。彼らは当時の帝大医科大学出身者を中心とした医学者たちへの非難を繰り返してきた。しかし、それは後出しジャンケンと同じである。反論できない当時の先人たちへの一方的な断罪になる。脚気病調査会についても当時の実情を知らず、不当と思える批判が多い。そこを考えてみたい。

鳥の白米病と人の脚気は同一

脚気についてろくな知識も経験もヨーロッパ医学にはなかった。だからこそエイクマンをはじめ多くの西洋人医師たちは、人と動物（ニワトリやハトなど）が同じ症状を起こすので白米食こそが脚気の原因だとあっさりと断定できた。白米を餌としたニワトリやハトは神経麻痺を起こす。それが人の症状と似ているというだけで同じ病気だといっていいのだろうか。それが多くの日本人研究者の持った疑問だった。

公平に見て、当時のわが国は脚気研究ではヨーロッパをはるかにしのぐ最先端の地位にあった。長い間の経験や知識により、脚気の複雑で多様な症状と、さまざまな変化をする様子を知っていた。その蓄積からくる判断には欧州の医学者が口を差し挟む余地はなかったといっていい。ただ治療法については対症療法しかとるすべがなかっただけである。

前述の通り、脚気は神経障害（感覚・運動）、筋肉障害（運動）、循環器障害（心臓）、水腫《むくみ》、胃腸障害などを主な症状とする全身性の病気である。それをたかだかニワトリやハトなどの実験で神経障害を起こしたからといって、脚気と断定してよいのか。

しかも長い間、日本人の中には「人畜同一」の考え方が薄かった。欧州人が長い間、畜類の屠殺、解体経験で学んできた感覚とはずいぶん違ったことだろう。

白米を餌とされた動物の病変（白米病とした）を人の脚気と同じに見てよいか。このテーマに正面から取り組んだのは、帝大医科大学・病理学教室の瀬川昌世《せがわまさよ》（一八八四〜一九六一年）だった。瀬川は医学者の家に生まれ、第一高等学校から帝大に進み、明治四二年に医科大学卒業。調査会委員の山極勝三郎《やまぎわかつさぶろう》（一八六三〜一九三〇年）教授の下でニワトリとハトに白米を与えて実験を始めた。

指導した山極は信州上田藩士の家に生まれ、明治一三年に大学予備門（のちの第一高等学校）、同一八年に帝大医科大学を首席で卒業。同二四年には助教授、翌年からドイツ留学、コッホやフィルヒョウに教えを受けた。帰国後、同二八年に教授になり専門は病理解剖学である。

瀬川は大正元（一九一二）年に日本病理学会で「鶏及ビ鳩ノ白米試食試験」という論文を発表した。さすが病理解剖学の新進気鋭の学者だった。そこには綿密な観察と、全臓器の精密な解剖検査が示されていた。その検査所見は次のようなものである。

（一）鳥の白米病と人の脚気の間には相違もあるが、それは種属の差による違いにすぎない。

（二）神経、筋肉、心臓の病変が同じであり、鳥の白米病と人の脚気は同一、あるいはきわめて近似的なものである。

さらに結論として「鳥ノ白米病ト人脚気トハ全然同一疾患ナリト断定スルヲ得ベシ」と明快に論述している。

山極もまたニワトリの実験を行ない、瀬川の研究が正しいことを確認し、大正三年に「両者ハ同一疾病ナルベキヲ信ズル」と述べている。東大医科大学の中でも山極系列の研究者はエイクマンの意見に賛成をしたのである。

反論する帝大医科薬理学者

ところが同じ病理学教授だった長與又郎《ながよまたお》（一八七八～一九四一年）は、瀬川、山極とは違う結論を発表した。長與は明治四五年一月から調査会委員になった。その四月から長與はサルを使った白米食試験を行なった。長與はその名字から分かるように医学界の重鎮、長與専斎の息子である。

長與又郎は東京神田の生まれ、父親の縁で慶応義塾幼稚舎を卒業後、第一高等学校から東京帝大医科大学に進む。ドイツに留学し、帰国後、病理学教室教授に就任する。夏目漱石の主治医であったことでも知られている。

長與はサル七匹に白米だけを給餌した。彼によれば七匹中の一匹だけが神経麻痺を起こした。あとはただの飢餓症状だったから、白米病は人の脚気とは同一ではないと結論づけた。長與はのちに東京帝大総長にもなり、癌研究所や日本癌学会を創立し、公衆衛生院や結核予防会も創設した偉人でもある。しかし、このときと、それ以後も彼は山極や瀬川には常に反対の立場をとり続けた。

大正九年四月の病理学会では助教授だった緒方知三郎（一八八三〜一九七三年、大正一二年には調査委員になる）が同一視に反対する発表を行なった。緒方は洪庵の次男、惟準の子であり、東京帝大医科大学では山極の教え子でもあった。

こうして病理学教室ではせっかくの山極・瀬川の説も少数派になった。

薬物学教室はどういう態度をとったか。林春雄《はやしはるお》（一八七四〜一九五二年）教授の下にいた田《た》澤鐐二《ざわりょうじ》（一八八二〜一九六七年）も明治四四年からニワトリ・ハトの白米病とヒト脚気について研究をした。林教授も同年には調査会委員となっていた。林は薬理学者として高名で、明治三〇年に東京帝大医科大学を首席で卒業し、明治三五年から三八年までドイツのシュトラースブルグ大学留学。帰国後は福岡医科大学（のちの九州大学医学部）で勤務、明治四一年に東京帝大医科大学に薬理学第二講座が設けられ、そこを担任する。同四二年に教授に就任していた。その年に卒業したのが田澤である。

田澤の内科学会と病理学会での報告は次のとおりだった。

（一）白米病では、末梢神経のマヒのほかにけいれんなどの中枢神経の刺激症状がある。
（二）飢餓症状が必ず起こり、その経過中に神経症状が現われる。
（三）便が下痢状になる。

という三点を挙げて違いを主張した。結論は白米病と人の脚気とは別だという。以後も田澤は研究を続けるが、別の病気であるとの主張は変えていない。

そして、師匠である林も田澤の主張を信じ、大正三年に日本医学会総会で特別講演をし、「糠エキスは鳥には有効だが、人の脚気には無効である。人の脚気はビタミンの欠乏によるものではない」と断言してしまった。医学会総会という権威ある場所で、未知の栄養欠乏説は完全に否定された。

ここが「学問的なるもの」を大切にする医学界の考え方である。白米病と人の脚気の間に違いがあるのは当然だった。白米だけの飼育と、副食もとる人との食餌はまったく条件が違う。大切なことは、似たところに注目するか、異なるところにこだわるかの違いである。相違点に重点を置いた医学者たちの態度は学問的にはむしろ正しかった。

結果論からいえば、彼らの「頑迷さ」や「意固地さ」が目立ってしまうが、当時も現在も、医学とは安易なものではない。ヨーロッパで注目されている動物実験の成果に安易に便乗して、動物の白米病＝人の脚気と結論するのは、やはり誠実な態度とはいえなかったのである。

海軍の脚気再発

海軍の統計に疑いの目

海軍では高木による「兵食改革」によって脚気患者はほとんどいなくなった。明治一五年には一九〇〇〇人あまりの患者が西洋食を採用したとたん半減以下になった。麦飯を採用した明治一八年にはわずか四一人である。そして日清戦争までに、海軍に脚気患者はほとんどいなくなった。名誉と栄光の中で高木兼寛は引退した（明治二五年）。後継の医務局長は、高木と同じく英国留学、セント・トーマス病院附属医学校卒業の実吉安純《さねよしやすずみ》である。実吉も次の局長木村荘介も高木の後輩にあたる薩摩閥の一員だった。ただ、この木村の在任中（明治三八年一二月〜大正四年一二月）にはわずかだが海軍の脚気患者は増えていた。

次の局長は森林太郎の後輩になり、脚気病調査会の設立を応援した本多忠夫である。本多は栃木県出身で東京大学医学部を明治一七年に卒業した医学博士だった。それまでの局長が高木の薫陶を受けた非大学出だったのに対して、ドイツ式の医学教育を受けた東京大学出の軍医である。

本多が医務局長だったころ、つまり大正四年一二月から同八年一二月の期間には海軍にも脚

陸軍軍医学校創立25周年記念写真（明治43年６月21日）。最前列右から２人目の白服は本多忠夫海軍軍医総監、３人目は落合泰蔵、続いて森林太郎、小池正直、佐藤進、左を向いているのが寺内正毅、その隣は石黒忠悳、青山胤通、白髭の足立寛、北里柴三郎、賀古鶴所。

気が再発してきた。

日露戦争中でもわずか八七人、その後も四〇人前後にすぎなかった患者が、大正四年には二一八人という大きな数に増えていた。これを知った陸軍軍医たちは、「やはり」と感じたことだろう。すでに日露戦争のころから、海軍の統計には疑いの目が向けられていた。脚気をほかの病名、末梢神経疾患などと変えているのではないかというのである。

そう疑われたのも、海軍の脚気の入院率があまりに高かったからである。ふつう、よほど重症でない限り、脚気で入院するのは患者の数パーセントだった。脚気は戦地でもないかぎり、横になっていれば回復する者が多いという病気でもあった。

それが海軍の脚気患者は五割から七割が入院してしまう。ということは重症者だけを脚気とし、軽症の患者は脚気ではないとした結果ではないか、陸軍はそう考えたが、正しい数字は不明である。

海軍の脚気再発は、やはり支給された食事と関係があるに違いない。明治一九年の「在艦船営軍人軍属食料支給規定」を見てみよう。

米一二〇匁（四五〇グラム）、麦八〇匁（三〇〇グラム）、パン五〇匁（一八七・五グラム）、肉五〇匁（一八七・五グラム）、魚五〇匁（同前）、野菜一四〇匁（五二五グラム）、鶏卵一五匁（五六・二グラム）、漬物五〇匁（一八七・五グラム）と一日当たりの支給品とその量目が規定されている。麦飯は四割にものぼり、副食も豊かである。ビタミンB１の含有量は二ミリグラムを楽々と超えている。これは脚気予防には十分なものである。

ところが、明治三三年、海軍が軍艦などの正面装備をロシア戦に備えて重視するようになったころである（統計に現れる脚気の再発は大正四年以降）。『海軍衛生制度史』からの数字だが、航海中の支給規定である。

乾パン五〇匁（一八七・五グラム）、白米一〇〇匁（三七五グラム）、麦三五匁（一三一・二グラム）、貯蔵獣肉四〇匁（一五〇グラム）、乾物野菜二〇匁（七五グラム）となっている。主食の中には二五パーセントしか麦が含まれていない。肉、魚、野菜は減らされ、麦もまた胚芽の脱落が大きかったという。麦の味をよくするために精白が進んだ結果である。

ビタミンをとるにはそれを多く含む、肉、魚肉、野菜を副食でとるしかない。それが缶詰肉や缶詰魚、乾燥野菜だけで暮らす航海食では副食による摂取も頼りにならなかった。この時代の航海食のビタミンB1量は、一日当たり一ミリグラム以下である。脚気の発生は当然だろう。ふつうの生活をする成人男性で一・一ミリグラムが必要とされた。それを窮屈な艦内で激しい運動をするのが海軍の兵員である。

碇泊中はまだいい。パン五五匁(二〇六・二五グラム)、白米一〇〇匁(三七五グラム)、麦三五匁(一三一・二五グラム)、貯蔵獣肉四〇匁(一五〇グラム)、骨付き生獣肉五〇匁(一八七・五グラム)、骨付き生魚肉四〇匁(一五〇グラム)、生野菜一二〇匁(四五〇グラム)と規定されていた。冷凍どころか冷蔵技術もろくになかった時代、航海中は生野菜など望むべくもなかった。

また、大きな影響をもたらしていたのは日露戦争の勝利の結果、日本海軍がコースト・ネービー(沿岸海軍)からブルーウォーター・ネービー(外洋海軍)になったことだ。南洋、インド洋、太平洋と艦船の行動する範囲が大きく広がった。そのため貯蔵した食品に頼る機会が増えざるを得なくなったのである。

「麦飯男爵」高木の功罪

高木の業績は確かに偉大だった。兵員の食事の炭水化物とタンパク質の割合が一五：一とバランスが悪いことが脚気の原因だとして、西洋食を参考に肉や魚を増やし、麦飯の混入を進めた。おかげで海軍には脚気が激減した。まさに英国流医学の成果だった。高木はこのことを誇りにし、終生「麦飯」の有効性を疑わなかった。退官後も高木は全国各地で麦飯を食べることを勧めて歩いた。付いたあだ名が「麦飯男爵」である。

しかし、この成果はタンパク質の増量のおかげではなかった。ビタミンを含む豊かな副食と麦によるビタミンの摂取が効果を示したからだった。ところが海軍では脚気の撲滅、それはタンパク質を多くとったからだという誤った認識が常識になってしまった。

大正六年の航海食のビタミンB1の量を概算すると一ミリグラム以下になってしまう。ビタミンは缶詰にしたり、乾燥させたりすると破壊され、その量もひどく減った。牛の缶詰、水で戻した乾燥野菜ではビタミン摂取が十分とはならなかった。それでもタンパク質を考慮して肉や魚を食べさせているといった自信を海軍は持っていた。このことは当時のビタミンの性質に対しての無知を表している。

また、「脚気はない」という先入観があればこそ、海軍軍医は診断を誤っていたとも考えられる。陸軍軍医は「脚気はある」と思えばこそ、わずかな兆候も見逃さない。手先や脚のしびれを兵卒が訴えれば陸軍軍医はまず脚気を疑った。海軍では同じ訴えには「神経炎」という診断を下しがちだった。

大正時代にはすでに主食の半分近くを麦にしなければ脚気の予防効果はないことが知られていた。パン食も効かないことも知られていた。だからこそといっていいだろうが、まずい麦飯より銀飯といわれた白米食にこだわる人が多かった。

瀬間喬《せまたかし》という海軍主計中佐がいた。海軍の兵科将校優先に腹を立て、戦後、陸上自衛隊に入隊し、需品学校長になった人である。『素顔の帝国海軍』などの著書で知られている。艦船乗り組みの若いころ、兵員の食生活に深く関わった。「本日は銀飯だと聞くと、兵員一同万歳を三唱し君が代（国歌）を斉唱する、などと半ば冗談にいわれたことがある」と書いていた。また、支給された麦が余るので、監査の前にはひそかに夜間、袋から海に投棄していたともいう。下士官のお椀には麦が表面にうっすら盛られ、その下には白米がぎっしりつまっていたという下士官の証言も筆者は聞いたことがある。

海軍は本多の医務局長就任以来、軽症の脚気にも目を向けるようになった。大正七年にはビタミンに着目した兵食の研究を軍医学校で始めた。大正一〇年には海軍省で「兵食研究調査委員会」が設置され、昭和五年まで継続的に研究が続けられた。そこでは兵食に必要なものは、熱量（カロリー）、タンパク質、ビタミンBであることが確認される。

ビタミンの摂取量からいえば、主食の半分の麦飯、それに生鮮食品の副食で脚気は十分に予防できる。しかし、多くの兵員は麦のまずさから二割の麦の混入にも不満を口にした。そこで注目されたのは、京都帝国大学医学部内科学教授の島薗順次郎の提唱していた「胚芽米」である。

脚気の予防には胚芽米を食べることだと大正一一年ごろから島薗は主張をしていた。その有効性を確認して海軍が給与令細則を改めて「供給の白米は、特別の場合を除き、成るべく胚芽残存率七五パーセント以上のものを供給のことに取計相成度」とした。米一粒の中のビタミンB1の分布を見ると五五パーセントが胚芽に含まれる。糠には二九パーセントであり、胚乳には五パーセントという数字がある。

しかし、実際には胚芽米を製造する機械の不備や、腐敗しやすかったために夏季に貯蔵がむずかしくなかなか実行できなかった。当時の精米機では、それぞれの粒が不規則に動いて、米は球状に削られてしまったのである。米粒の頂部にあった胚芽が落ちるのは当然だったし、削る力を弱くすれば糠が残り、まるで「七分搗きまがい」といわれたように味も落ちた。

胚芽米が美味しさを残すようになったのは一九七七（昭和五二）年の改良精米機の開発を待つしかなかった。この胚芽精米機は米を一定方向に整列させて、棒状になるように糠を削り取る仕組みを実現したものである。米を削る砥石が胚芽部分に当たることはない。

米糠エキスへの徹底的な攻撃

米糠とそのエキスが人の脚気に効くか、効かないかという論争は長く続いた。陸軍軍医都築甚之助、内科医遠山椿吉《ちんきち》、遠城兵造は薬もつくり、有効性を強く主張した。反対派は当時の医学界主流である。委員だった牧田太（陸軍軍医、のちに総監）は、明治四三年に研究会附属研究室の患者に糠エキスを投与したが無効だったと発表する。九州帝大医科大学の内科学教授稲田龍吉も人の脚気には効かないと報告した。東京帝大医科大学の薬物学者田澤鐐二も大正二年に同じく効果がなかったということを発表する。東京帝大医科大学長青山胤通にいたっては、「糠が効くなら、馬の小便でも効くだろう」とまで放言していたらしい。

このように内科学でも薬理学でも否定されてしまった糠エキスだった。

この無効性については当時の製剤技術の問題があった。糠の中の不純物を取り除く過程に大きなミスがあったのだ。それはアルコールによる抽出法である。ビタミンＢ１は水溶性ビタミンとされている。水なら一〇〇ミリリットル中に一〇〇グラムも溶けるのに、九五パーセントのアルコールには一〇〇ミリリットル中にわずか〇・三グラムしか溶けなかった。つまり当時のアルコール抽出法による糠製剤のビタミンＢ１含有量はひどく少なかったのだ。これでは軽症患者ならともかく、重症患者には何の効果もなかったことは当然である。

そうであれば、効く、効かないは判定する人の主観に頼る。いまでも健康食品のＣＭには必ず「服用者の主観です」という但し書きがついている。

伝染病説も依然として力を持っていた。東京帝大の内科学教授三浦謹之助は、大正三年にもドイツ語論文で伝染病説を唱え、衣服を清潔にすること、空気の清浄化、住居の消毒などの伝染病対策を主張している。同年二月には青山胤道は『日本内科全書』という内科学の聖典ともいうべき書物に脚気病について書いた。そのなかでもエイクマンの実験やその検証試験についてふれ、「脚気は動物の白米飼養による麻痺病と大いに異なることを信じる」という調子で人と動物の病気は違うと断言していた。

こうして内科学（青山）、薬物学（林）、病理学（長與・緒方）という臨床、基礎の両医学の権威者たちからとことん否定され、攻撃されたのが糠エキスだった。しかも彼らは全員が臨時脚気病調査会委員であり、帝国大学のメンバーである。まるで調査会すべてが伝染病説一色であるように見えた。

フンクの『ビタミン』の出版

帝大医学者たちの転向

大正三（一九一四）年五月、カシミール・フンクがドイツの出版社から『ビタミン』と題した本を上梓した。世界的な医学誌だった『イギリス医学雑誌』によってすぐに世界中に紹介された。

欧米世界がビタミンを認めた。わが国の医学界だけが知らないふりをすることはできない。まず薬物学教室の田澤鐐二が、二年間のスイス留学から帰国した大正四年に糠エキスの研究に取り組み始めた。これはヨーロッパでの趨勢に従った行動だった。

ビタミンを多く含む米糠は水溶性である。前述したように、都築や遠山たちは、糠の中から不純物を減らすためにアルコール抽出を行なったが、それが裏目に出てしまって、取り出したエキスは微量なものだった。有効成分があまりに少なすぎて重症患者には効かなかった。そのため結果として無効であるという非難を浴びた。

ところがである。無効派の田澤が欧州に行ってみると、大正元年五月にはビタミンやその欠乏症についての提唱がフンクによってなされていた。翌年七月にはホプキンズによって「副栄養素(ビタミンのこと)」が説かれ、オズボンやメンデルといった一流医学者によって「脂溶性微量栄養素」などが語られている。そしてフンクの著作があり、大正四年にはマッカラムによって「脂溶性ビタミンと水溶性ビタミンの区分」も主張された。まさに旧態依然、ビタミンについて考えてもいなかった日本医学界は、世界の研究の流れからとり残されつつあった。

山下政三氏は田澤が現地での熱気にじかにふれて、ビタミンの効果の真実性を納得し、ビタミン説に転向したに違いないという。

田澤は大正六年、糠エキスを内服させた患者がいかに回復したかを東京帝大教授入沢達吉と連名で臨時脚気病調査会に報告した。この報告の筆頭者は入沢である。おかげで東京帝大はビタミン欠乏説に立ったと思われた。入沢は元治二（一八六五）年に越後国新発田（新潟県）藩医の家に生まれ、明治二二年に帝大医科大学卒業後、私費でドイツ留学し診断学を学んだ。留学から帰朝した田澤を自分の研究室に受け入れたのである。逸話として残っているのは帝大教授停年制を推進したことだ。老朽者より、新進気鋭の若者に期待するという言葉を残し、自らも五〇歳で帝大を退官した。

また当時の裏話として胃癌にかかっていた青山胤通の主治医でもあり、その縁でも青山を説得したという説も伝わっている。

米糠の有効性が医学的に認められる

大正七年四月に都築は内科学会総会でアンチベリベリン療法の有効性を報告した。七九四人の脚気患者に投与したところ全員が快癒したという。

九月には入沢と田澤は、糠エキスの抽出はアルコール抽出より水で糠を加温浸出する方が優れていることを発表する。糠の煮出し汁を飲めば脚気の危険症状を除けるというのだ。これによって、糠の有効性を認める立場を明確にしたのである。また、患者への投与実験についての臨時脚気病調査会の積極的な支援についても謝意を述べている。これによって当時、調査会が決して「伝染病説」ばかりに凝り固まっていたわけではないことが確認された。

ここに現代の栄養学から見ても興味深い事実がある。玄米・精白米・米糠の成分の違いについて山下政三氏は記述している。以下は一〇〇グラム当たりの含有量である。

糖質は、それぞれ七三・八グラム、七七・一グラム、三八・三グラムとなる。ここでは玄米と精白米の違いはあまり見られない。

ところが、ビタミンB1は、それぞれ〇・四一ミリグラム、〇・〇八ミリグラム、二・五〇ミリグラムと精白米は激しい減少ぶりを示している。ビタミンB2は、それぞれ〇・〇四、〇・〇二、〇・五〇となる。

ビタミンB5（パントテン酸）も、玄米、精白米では〇・四五、〇・一二と少なくなり、ビタミンEも一・三、〇・二となり、ナイアシンは五・三から一・二と減ってしまう。脂質も同様に減ってしまい二・七から〇・九となる。ほかにも無機質、カルシウム、リン、鉄、マグネシウムなどすべてで玄米に比べて、精白米はひどく栄養分が減ることが分かる。

胚芽米はその点、特徴がある。炊いたあとの数字であるが、ビタミンB1は炊飯後の精白米の〇・〇二ミリグラムと比べると四倍の〇・〇八ミリグラムもある。無機物もビタミン群もすべて精白米に比べると多く含んでいる（「五訂日本食品標準成分表」による）。

結論からいえば、動物を白米だけで飼育すれば、糖質以外の全部の栄養素が欠乏してしまうのだった。動物の白米病の原因は、タンパク質・脂質・無機質・ビタミン群がすべて欠けた複合欠乏症だったのだ。ここにほかの副食も自由にとる人の脚気病とは原因が異なる別の種類の病気だったとも医学的にはいえる。多くの基礎医学者が主張したことは実は正しかったのだ。

島薗の「脚気ビタミン欠乏説」

第一次世界大戦（一九一四年七月〜一九一八年一一月）による日本医学界への影響は大きかった。敵国になったドイツの医学研究の動向はほとんど日本にやってこなかった。しかし、この間も英米医学界においてのビタミン研究は進んだ。糠だけではなく、酵母・野菜・果物・卵・牛乳・バターや肝油などのさまざまな食物に含まれることが確認されていった。そのなかにアメリカのマッカラムによるビタミンを大きく二分する考え方が提唱された。脂に溶けやすいビタミンA、水溶性のBとCである

進んだ英米の研究に接した京都帝国大学医学部内科学教授の島薗順次郎は、すでに日露戦後には脚気麻痺についての研究を発表し、それをさらに進めていた。島薗はビタミン学についての新知識でさらに研究を深めていった。大正八年四月、内科学会総会で新しい報告を行なっ

た。その内容を要約すると次のとおりである。
(一) 動物の白米食によるビタミン欠乏症と人の脚気は似ているが同一ではない。
(二) 麦や半搗き米を食べると脚気にならず、白米を主食とすると発病する。副食が貧しい白米食はビタミン欠乏を意味する。
(三) 慢性の病気である脚気には薬品の効果はなかなか実証しにくい。鈴木梅太郎氏の糠アルコールエキス、粗製オリザニンを重症患者に与えたら一〇人のうち七人に効果があった。しかし、例数が少ないので断定はできない。
(四) 白米の中毒説もあるが毒物、あるいは微生物は確認できない。伝染病説についても病原体については手がかりもない。調査したが、集団内伝染も認められない。
(五) 総括論として、動物脚気と人の脚気はよく似ている。患者が多く出る工場や学校寄宿舎などの食物を観察すると副食物が粗悪で量も少ない。そこで白米を主食としていれば「ビタミン」欠乏をきたすことがある。

最後の(五)は非常に周囲に気をつかった表現になっている。これは当時、なお東京帝大の病理学山極教授は中毒説をとり、島薗の師匠にあたる内科学三浦教授は伝染病説をなお固持していたからだろう。そして病理学教室の長與教授と緒方助教授、薬物学林教授は、動物の白米病と人の脚気は別であり、白米病はビタミン欠乏だが、脚気はそれと異なると主張し続けていた。

こういう先達たちがいる以上、京都帝大の島薗が主張のトーンを下げても当然だった。ところが、こういう発表でも事態は大きく動いた。島薗は多くの賛同者を得て、大正八年には脚気病調査会の臨時委員に選ばれた。そして、調査会が解散するまで（大正一三年）まで委員を務め続け、脚気ビタミン欠乏説を確定する優れた業績を上げていった。また大正一三年八月二五日には、退官した三浦の後任として東大第一内科学教授に就任する。脚気研究のトップリーダーになったのである。

若い研究者たちの努力も見るべきものがあった。東京帝大医科大学を大正四年に卒業した大森憲太（一八八九〜一九七三年）は入沢内科に入局し、島薗の説に感銘を受けた。のちに慶応大学医学部教授になり、「脚気はビタミンB欠乏症」と論じ、大学内に食養研究所を設け、栄養や脚気予防食品の研究をさらに進めた。いまも新宿区信濃町の慶応大学病院構内にその業績を顕彰する石碑が残っている。

証明された「脚気の原因」

さまざまな人体実験も行なわれた。ビタミン欠乏食と思われる白米を主食とし、粗末な副食だけを人に食べさせるのだ。現在から見れば、たいそう乱暴なやり方である。そうした結果から脚気の原因は、「ビタミンB欠乏症」なのか、「ビタミンB欠乏に加えて付随因子が加わったもの」なのかに議論は絞られてきた。臨時脚気病調査会でもとうとう試験方針を定めて大正一二年四月、実験が行なわれることになった。メンバーは島薗、入沢、大森をはじめとした五人だった。

このときの献立表をみてみよう。一日目は朝昼夕の主食白米五〇〇グラムずつ、朝はネギのみそ汁、昼は小雑魚の煮付け、夕は雑魚のだしで煮た昆布のみである。二日目も米飯は同じ、朝が菜っ葉のみそ汁、昼は大豆の煮もの、夕は揚げ豆腐と菜っ葉野菜という献立である。三日目から七日目まで、目立った変化は干しイワシが一回、牛缶詰肉二〇グラム一回、小芋の醤油煮一回というだけで、味噌汁に具がないこともあった。この献立は島薗が調査した京都の紡績工場の女工寄宿舎の食事を再現したものだった。この工場では若い女性の多くが脚気になり、ハトとラットの実験でもビタミンB欠乏の確証が得られたものである。

結果は明快なものだった。まさに脚気はビタミンB欠乏によって起こる病気であることが証明された。

大正一三年一一月二五日、勅令第二九〇号によって、臨時脚気病調査会は廃止された。その理由として『陸軍衛生制度史第二巻』にも、ビタミンB欠乏によることが解明されたこと、軍縮時代の予算緊縮のためであることが記されている。

減少した第一次大戦時の脚気患者

欧州大戦の勃発にともない陸軍はドイツ帝国の租借地、中国の青島《チンタオ》に所在する約四三〇〇人のドイツ・オーストリア軍を攻撃するため独立第一八師団と攻城砲兵部隊、航空隊、臨時鉄道聯隊など約二万九〇〇〇人を攻略軍として編成した。「独立」と付くのは上級の軍司令部がないことを表す。

この軍の兵站部隊は師団固有の輜重兵第一八大隊が基幹となった。大正三年九月二日、先遣部隊とともに山東省北岸の龍口に上陸した。野戦倉庫の開設、現地物資の調達についての各種調査、道路や環境の調査を行ない、港湾施設と野戦兵站倉庫の間を結ぶ軽便鉄道の敷設も始めた。

糧食の特徴は日露戦争時の野戦給養規定にあった「一日国産白米六合」の支給に代えて現地の「半搗き米」を新しい『陣中要務令』（大正三年改定）の規定どおり給与した。その規定では、精米六四〇グラムと精麦二〇〇グラムで、ほかは缶詰肉一五〇グラム、野菜類、漬物類、調味品がそれぞれ若干とされ、食塩も二四グラム、醤油エキス（粉末）二〇グラムとなっていた。

この大正三年の改定に目立つのは、「尋常糧秣」に「完全定量」と「携行定量」の区別がされたことだ。「尋常」は戦地でも比較的後方地域にあたるところで、平時の兵営生活での食事と変わらない。「携行」の場合は戦闘地域での給与方法にあたり、部隊ごとに「戦用炊具」で炊き上げて用意した食事を提供するものだった。たとえば、前述の定量と品目は完全定量の規定であり、携行定量では精米六四〇グラム、精麦二〇〇グラムは変わらず、缶詰肉一五〇グラムと醤油エキス二〇グラムだけになっている。食塩、野菜、漬物、調味品は省かれている。

脚気患者の発生数はどうだったか。『陸軍軍醫学校五十年史』に載る大正四年の報告によれば、死傷者総数は一九八一人であり、これは出征した将兵全体の五・八パーセントにもなった。病者のうち戦地入院患者は二〇七一人、脚気の入院患者は日露戦争中の一割になり、死亡者は二パーセントにしかならなかったと自賛している。

また、腸チフスの予防接種の効果についていうまとめがある。この予防接種は森軍医総監が強く進めた施策の一つであり、明治四三年には新入営兵のほぼ全員が接種を受けた。腸チフスは日清戦争後から日露戦争まではおおよそ毎年平均五三〇人が罹患した。その死亡者も同一二一人を出していた。日露戦争後の明治四〇年には兵営でも流行があり、患者は一三七五人、うち死者が二一八人となった。この年の病死者の三分の一にもなった。それが予防接種後の明治四四年には患者一八四人、うち死者は三一人に減少した。

森林太郎（鴎外）と高木兼寛の退役後

大正五年四月一三日付けで森林太郎は予備役に編入された。臨時脚気病調査会長は「陸軍省医務局長ヲ以テ之ニ充テル」という規定から、森は会長を辞任した。後任は軍医総監鶴田禎次郎である。しかし、その後も臨時委員として会には籍を置き、亡くなった年の大正一一年七月まで、その責務を果たし、委員会にはよく出席した。だから田澤鐐二の帰朝後の変説や島薗順次郎の実践・実験などについて、委員会で同席のうえ、ときには司会者として聴講していたのである。

学理を重んじる森は十分に若い後輩たちの議論に納得したことだろう。時代という限界のなかで精いっぱい努めてきた森にとって、脚気の原因がビタミンB欠乏にあったことが学問的にほぼ証明されたことは、医学研究者としても晴れ晴れとした気持ちであっただろう。森は軍医としては最高官を得て、軍衛生行政でも腸チフスの予防接種の実施などで有能であることを証明した。

墓碑にあるように「石見人森林太郎」は名誉と栄光に包まれて大正一一年七月九日、生涯を閉じた。

高木兼寛はビタミン論争には関わらなかった。高木はすでに明治二五年に予備役になり、貴族院議員に勅選されていた。私立東京病院の院長になり、また東京慈恵医院院長でもあった。

附属の医学校や看護婦教育所にも顔を見せ、多忙な日々を送った。ほかにも銀座資生堂や帝国生命保険会社などの経営にも関わった。

明治三六年には慈恵医学校の充実が認められ、専門学校令によって医学専門学校に認可された。帝大医科大学や各地の官立医学校と同じように、卒業生はそのまま医師免許が取得できるようになった。

日露戦争中の明治三八年三月三日には男爵になった。すでに後輩の実吉安純は現職の海軍軍医総監として日清戦争の功績で明治三三年には爵位を授けられていた。これに遅れること五年ではあったが、さすがに経歴が正当に評価されたと嬉しかったのではないだろうか。

高木に対する評価は国内より国外の方が高かった。日露戦争後にはアメリカのコロンビア大学からの招請状を受け取った。「日露戦争の軍陣衛生」について講話して欲しいという依頼である。快諾した高木は得意の英語で講演を行なった。明治三九年一月、横浜を出発し、アメリカでは各地で歓迎を受け、ルーズベルト大統領にも面会した。フィラデルフィア医科大学から名誉学位を受け、ロンドンでも多くの級友に再会した。母校での講演も大喝采を受けた。再びアメリカからカナダへ行き、帰国したのは七月だった。

高木が変わったのは明治天皇の崩御からだった。医学界よりも教育の世界に関心を傾斜させた。彼は全国で望まれるままに麦飯や雑食を推奨する講話を続けた。彼がいいたかったことは伝統ある日本人の生活にもどれということだった。衛生状態を改良し、体位を向上させる、さらには精神修養のことまで主張は及んでいった。昔からの国民習慣を忘れて欧米諸国の真似をひたすらしてきたのは誤りだったというのだ。

大正九年四月一三日、高木は息を引き取った。晩年は家族を次々と失い、さびしい境遇にあった。従二位に叙せられ、旭日大綬章を賜り、勅使が差遣《さけん》され、祭祀料や白絹が下賜《かし》された。皇族方からも次々とお悔やみが寄せられ、葬儀は青山斎場で行なわれた。

いま、南極大陸に高木の名に由来する「高木岬」がある。英国の極地研究所の命名方針のなかに医学的発見により人類に貢献した学者の名を付けるということがあった。英国の極地研究所から連絡を受けた日本の極地研究所では誰ひとり高木の名を知らなかった。

参考・引用文献

『明治二十七八年役陸軍衛生事蹟』陸軍省医務局 一九〇七年
陸軍省編『明治三十七八年戦役統計』陸軍省 一九一一年
陸軍省編『明治二五年～三六年七月一日調 陸軍現役将校同相当官実役停年名簿』
陸上自衛隊衛生学校編『大東亜戦争陸軍衛生史』陸上自衛隊衛生学校 一九七一年
旧参謀本部編『日清戦争／日本の戦史9』徳間書店 一九六六年
秦郁彦編『日本陸海軍総合事典』東京大学出版会 一九九一年
谷寿夫『機密日露戦史』原書房 一九六六年
大江志乃夫『東アジア史としての日清戦争』立風書房 一九九八年
大江志乃夫『日露戦争の軍事史的研究』岩波書店 一九七六年
北島規矩朗『陸軍軍醫学校五十年史』陸軍軍医学校 一九三六年
森鴎外『鴎外全集（28・29・31・32巻）』岩波書店 一九七一～七五年
田山花袋『田山花袋全集（第1巻）』文泉堂書店 一九七三年
池田清『日本の海軍（上）』至誠堂 一九六六年
「海軍」編集委員会『海軍（第14巻）』誠文図書 一九八一年
吉村昭『日本医家伝』講談社 一九七一年
吉村昭『白い航跡（上下）』講談社 一九九一年
吉村昭『暁の旅人』講談社 二〇〇五年
大塚力『「食」の近代史』教育社 一九七九年
山下政三『脚気の歴史―ビタミン発見以前』東京大学出版会 一九八三年

山下政三『明治期における脚気の歴史』東京大学出版会 一九八八年
山下政三『脚気の歴史―ビタミンの発見』思文閣出版 一九九五年
山下政三『鴎外森林太郎と脚気紛争』日本評論社 二〇〇八年
板倉聖宣『模倣の時代（上下）』仮説社 一九八八年
松田誠『脚気をなくした男―高木兼寛伝』講談社 一九九〇年
原田信男『歴史のなかの米と肉』平凡社 一九九三年
永山久夫『日本人は何を食べてきたのか』青春出版社 二〇〇三年
防衛ホーム新聞社『彰古館―知られざる軍陣医学の軌跡』防衛ホーム新聞社 二〇〇九年
根来藤吾『夕陽の墓標―若き兵士の日露戦争日記』毎日新聞社 一九七六年
多田海造『日露役陣中日誌―看護兵の六七五日』巧玄出版 一九七九年
大濱徹也編『近代民衆の記録8・兵士』新人物往来社 一九七八年
棟田博『陸軍いちぜんめし物語―兵隊めしアラカルト』光人社 一九八二年
岡村雄徳・大場幹編『陸軍兵事参考』一八九七年
天野郁夫『大学の誕生（上）帝国大学の時代（下）大学への挑戦』中央公論新社 二〇〇九年
東京慈恵会医科大学雑誌掲載論文・松田誠
（一）森 鴎外からみた高木兼寛 二〇〇二年
（二）高木兼寛、北里柴三郎らの医師会設立までの苦闘―日本医師会前史 二〇〇三年
（三）高木兼寛と森林太郎の医学研究のパラダイムについて 二〇〇三年
（四）脚気原因の研究史―ビタミン欠乏症が発見、認定されるまで 二〇〇六年
（五）高木兼寛の脚気栄養説についての一、二の問題 二〇〇六年
（六）大日本医会会長・高木兼寛が夢見たこと 二〇一五年
（七）高木兼寛の脚気の研究と侍精神 二〇一六年

陸海軍医務局長の歴任者（『日本陸海軍総合事典』より）

陸軍省

軍医本部長（軍医頭）

［軍医頭］

松本　順　明治4年8月3日〜明治5年5月24日

［軍医本部長］

林　　紀　明治12年10月15日〜明治15年6月17日

松本　順　明治15年9月25日〜明治18年5月21日

橋本綱常　明治18年5月21日〜明治19年3月1日

（注）明治19年3月1日、陸軍省医務局へ改編。

医務局長

軍医監	橋本綱常	明治19年3月1日〜明治23年10月4日
軍医総監	石黒忠悳	明治23年10月7日〜明治30年9月28日
軍医総監	石阪惟寛	明治30年9月28日〜明治31年8月4日
軍医総監	小池正直	明治31年8月4日〜明治40年11月13日
軍医総監	森林太郎	明治40年11月13日〜大正5年4月13日
軍医総監	鶴田禎次郎	大正5年4月13日〜大正12年3月17日

（以下略）

海軍省

医務局長

［軍医本部長］

（欠）　明治9年9月1日〜明治10年2月15日

戸塚文海　明治10年2月15日〜明治16年10月3日

高木兼寛　明治16年10月5日〜明治17年12月15日

［軍医本部長］

軍医大監　高木兼寛　明治17年12月15日〜明治19年1月29日

［衛生部長］

軍医総監　高木兼寛　明治19年1月29日〜明治22年4月22日

［海軍中央衛生会議議長］

軍医総監　高木兼寛　明治22年4月22日〜明治25年8月2日

軍医総監　実吉安純　明治25年8月6日〜明治26年5月20日

［海軍衛生会議議長］

軍医総監　実吉安純　明治26年5月20日〜明治30年4月1日

［医務局長］

軍医総監　実吉安純　明治30年4月1日〜明治38年12月12日

軍医総監　木村壮介　明治38年12月13日〜大正4年12月13日

軍医総監　本多忠夫　大正4年12月13日〜大正8年12月1日

（以下略）

おわりに

「餅は餅屋」ということわざがある。どんなことでも専門家には敵《かな》わないということだろう。あるいは、素人はしょせん素人であって、結局はその道のプロよりも劣るという意味に違いない。

明治の文豪森鷗外（林太郎）は陸軍軍医でもあった。しかも最後は軍医総監にまで登りつめたエリートだった。脚気という病気は、麦を食えば治るというのが当時でも常識なのに、それを認めようとせず兵隊に麦飯を食わせなかった。そのため日清や日露の戦争では多くの兵士が死んでいった。だから鷗外はヤブ医者で、しかも戦争犯罪人だといってもいい。そんな声が今もネットなどで見ることができる。

わたしが初めて鷗外のもう一つの顔を見たのは、板倉聖宣氏の『模倣の時代（上下）』（仮説社、一九八八年）を読んだ時のことだった。氏は「仮説実験授業」の提唱者である高名な教育学者であり、当時はさまざまな分野に手を伸ばされていた。専門は科学史だが、『私の評価論』（国土社、一九八九年）といった教育評価論、さらには『日本史再発見―理系の視点から』（朝日選書、一九九三年）では斬新な歴史論まで発表され、守備範囲はたいへん広い。

『模倣の時代』では脚気病撲滅に努力した明治・大正期の医師たちの取り組みを描いた。森鷗外を中心とした東京帝大医学部卒業のエリートたちをひどく批判された。ヨーロッパ医学、とりわけ当時、最高水準だったドイツ医学を範《はん》とする人たちが党派を組んで、創造的な取り組みをした人たちを排除し、圧迫、弾圧までしたという物語である。

板倉氏は脚気の研究史は、創造的な解決を必要とする問題に対処することになったら、西洋文化を模倣するのに最も有能だった人々が最も無能にもなるということを教えてくれるという。それが書かれた昭和の終わりから平成の初めころ、確かに世間は創造力をもてはやしていた。また氏は教育についても並々ならぬ見識を持っていたから、硬直した教育界への警鐘としてこの本を書いたのだろう。

ただし、学校教育の現場に身を置いていた私は、「模倣vs創造」という二分法でこの問題を論じてもあまり意味はないと感じていた。模倣というなら、西洋の食物や献立を採用した高木兼寛はヨーロッパ人の真似をしたのだし、日本食の優秀さを讃《たた》え続けた森鷗外は模倣に染まることなく、かなり独創的でもあったわけだ。

過去の人の行為を、どれが模倣で、何が創造かを論じると、それは見る人の立つ位置によって決まってくる。そういった対立的な視点から脚気問題を論じても意味はないし、善玉・悪玉史観はさらに役に立たないと感じていた。

森と高木が生きた明治という時代は、人が脚気という病気の治療法を知らなかっただけでなく、ビタミンという微量栄養素があることも、それが人間や動物の生存に必須のものだということも知られていなかった。また、数字の統計学的な処理法も確立はしていなかった。そんななかで、二人はあらんかぎりの知恵を絞って自分たちの職責を果たそうとしていたのだ。

鴎外たちを悩ませたことは多かった。近代国家の徴兵制度は健康な若者を必要とする。十分に発達した筋肉と、運動能力を持ち、自己管理能力もある者が望ましい。ところが、当時の世間では衛生観念はひどく低かった。伝染病は簡単に人の命を奪った。乳幼児はすぐに死んだ。抗生物質がなかったから、強力な病菌には打つ手がなかった。

人々は、けがをしたり病気になったりしても民間療法に頼っている。古い漢方医などがいう「脚気を治すには麦を食え」などという非科学的な主張など決して認められないと当時の軍医たちが考えていたのも無理はない。

また、どれほどの統計資料がそろっていたのだろうか。昔の統計数字はあてにならない。現に日清・日露の両戦争の死傷者数や罹病者数も、まとめた人や発表する機関の立場によってずいぶん異なっている。脚気が増えた、減ったといっても細かいところはどうだったのか。鴎外はいう。麦飯を食わせたらこんなに脚気患者は減ったというが、そうした相関関係だけで原因と結果を明らかにしているといっていいのか。それだけで米食を止めて麦を食わせていいのか。医学者たる者がそんないい加減な態度でよいのか。

しかも世間には白米信仰ともいうべき米食への憧れがあった。苦役とも思える兵営生活でただ一つの楽しみは白米だったという記録もある。あるいは麦は卑しい食物であって、国家への崇高な義務を果たしている兵士たちに、そんな物を支給するのかという意見もあった。戦場で明日の命も知れない部下にせめて白米を食べさせたいという現場指揮官たちの思いもあった。

森がしばしば高木を、海軍軍医たちを攻撃したのは事実である。だが、その理由も、そうした当時の世間の実態の一部を理解することで、少しは容易になることだろう。

私たちが生きていく上での判断はいつでもセカンド・ベストでしかない。正しい決断、間違わない行動をいつもしたいと願っている。これがベストの判断だと思って行動する。しかし、事が終わったあとから見れば必ず、ああすればよかった、これが分かっていれば違ったように考えたのにと後悔することばかりである。だから、過去の人々の誤りをただあげつらうだけの非難は、無敗の後出しジャンケンと同じになり、あまり意味のあることではないように思う。

私たちは結局、歴史については「物語」でしか理解できない。登場人物の言行を集め、それを因果関係や相関関係にまとめあげ、一つのストーリーをつくりあげる。そのなかで善玉、悪玉に人を仕立てて納得する。だが、それでは過去の時代を生きた人に寄り添うことはできない。それは同時に、いまをともに生きている自分の周囲の人への眼差しの温かさや冷たさに関わってくる。歴史を学ぶということは、現在を知り、他人との共感をどれだけ持てるかということに意味があると私は思っている。

高木は完全に成功したわけではなかった。少なくとも海軍でも脚気は撲滅できなかったのだ。それは彼もまた、脚気のほんとうの病因を知らなかったからである。米を減らし、麦を食べさせ、タンパク質を増やしたことが彼のとった行動だった。それがまぐれあたりになった。たまたまタンパク質を多く含む食品の中にビタミンB1が多く含まれていたからである。ただ、それだからといって、高木も間違っていたとは笑えない。世界の中でも先駆けて食物と脚気の関連について気が付いた着意と、世間の多くの反対に屈しなかった勇気と努力はほんとうに尊いものである。医学の発見は過去の多くの失敗のあとに生まれてきた。

森はどうだったか。高木や海軍を攻撃した森もまた苦しかったに違いない。研究者の言動は、その人のパラダイムに左右される。生育歴や学習歴などによって形成される社会観、人間観、歴史観などの総和を方法論というが、より広い意味のパラダイムといわせてもらう。森は国家によって選ばれ、国家の命令で学んだ。彼の境遇はすべて国家の配慮の賜物《たまもの》だと信じていたことだろう。そこに権力を持たされた者の悩みがあった。

森は文豪鴎外としても生きたが、発展途上の国家の官吏《かんり》としても十分に生きた。彼が医務局長であった時代、医官の人事を公正に行ない、軍陣衛生学を広め、後継者を育てた。脚気病調査会を立ち上げ、公平な態度でそれを主宰し、死ぬ直前まで研究会に出席し続けた。森は脚気研究の推移やそれへの評価などは何も書き残してはいない。

森の責任の取り方は言い訳もせず、弁解もせず、ただ調査会の運営に誠実に対応したことだと高く評価するのは私だけだろうか。

最後に、医学者つまり医学の玄人の餅屋の方々、東京大学山下政三教授、東京慈恵会医科大学松田誠名誉教授、ほか多くの専門家の医学の論稿に感銘を受け、多くをご教示いただいたことを改めてお礼を申し上げる。門外漢が医学論争を正しく知ることはかなり骨が折れることであった。

なお、資料の収集にご協力いただいた陸上自衛隊衛生学校「彰古館《しょうこかん》」の方々、陸上幕僚監部衛生部長松木泰憲陸将補、長いお付き合いの道程でさまざまな示唆をいただいた自衛隊札幌病院長上部泰秀陸将にもお礼を申し上げたい。

平成二九年初秋

荒木　肇

荒木　肇（あらき・はじめ）
1951年東京生まれ。横浜国立大学教育学部卒業、同大学院修士課程修了。専攻は日本近代教育史。日露戦後の社会と教育改革、大正期の学校教育と陸海軍教育、主に陸軍と学校、社会との関係の研究を行なう。2001年には陸上幕僚長感謝状を受ける。年間を通して、自衛隊部隊、機関、学校などで講演、講話を行なっている。著書に『教育改革Q＆A（共著）』（パテント社）、『静かに語れ歴史教育』『日本人はどのようにして軍隊をつくったのか－安全保障と技術の近代史』（出窓社）、『現代（いま）がわかる－学習版現代用語の基礎知識（共著）』（自由国民社）、『自衛隊という学校』『続自衛隊という学校』『子どもに嫌われる先生』『指揮官は語る』『自衛隊就職ガイド』『学校で教えない自衛隊』『学校で教えない日本陸軍と自衛隊』『東日本大震災と自衛隊―自衛隊は、なぜ頑張れたか？』『あなたの習った日本史はもう古い！』（並木書房）がある。

脚気《かっけ》と軍隊《ぐんたい》
―陸海軍医団の対立―

2017年10月１日　印刷
2017年10月15日　発行

著　者　荒木　肇
発行者　奈須田若仁
発行所　並木書房
〒104-0061東京都中央区銀座1-4-6
電話(03)3561-7062　fax(03)3561-7097
http://www.namiki-shobo.co.jp
印刷製本　モリモト印刷

ISBN978-4-89063-365-4